天野先生の「青色LEDの世界」

光る原理から最先端応用技術まで

天野　浩
福田大展　著

ブルーバックス

●カバー装幀／芦澤泰偉・児崎雅淑
●カバー写真／名古屋大学赤﨑記念研究館
●本文デザイン／土方芳枝
●図版／さくら工芸社

プロローグ

◆LEDの心臓部には「結晶」がある

「アナタガタハ、モンゴルノ、デントウブンカヲ、マモッテクレタ」

モンゴルの教育・科学大臣が先日、私の研究室を訪ねて来たときにそうおっしゃったのです。どういうことかと尋ねると、モンゴルでは今でも多くの人が遊牧民として暮らしているのだそうです。「このまま伝統文化を守っていきたいが、夜になると明かりがないので、子どもたちは勉強ができなくなってしまう」と、教育上の問題に悩んでいました。しかし、今はLEDとバッテリー、太陽電池を組み合わせたランタンが、移動式住居のゲルの中を照らしているらしいのです。大臣はものすごく喜んでいました。

自分が知らないところで、そんなふうにLEDの技術が普及していたとはうれしかった。と同時に、「より多くの人に使ってもらうには、もっと安く作れるようにしなくてはいけない」と強く思いました。

皆さんのまわりで光っているものを探してみてください。もしかしたら、それもLEDの光かもしれません。私たちの身の回りは今、たくさんのLEDであふれています。たとえば、家や仕事場での照明。外に目を向けると、信号機や駅の電光掲示板は、LEDによって昔よりも鮮やかに見えるようになりました。

その他にも、スマホの液晶画面を明るくするバックライトや、脱臭ができる空気清浄機の中の光触媒の技術など、最新の電化製品にも詰まっています。さらに、実用的な光だけでなく、クリスマスのイルミネーションや東京スカイツリーのライトアップなど、私たちの心を癒やすための光にも使われています。LEDは少ないエネルギーで明るく光り、省エネに貢献できるため、一気に幅広く使われるようになりました。

そんなLEDの中を詳しくのぞいてみると、光を発する心臓部には「結晶」が入っています。結晶とは、原子や分子が繰り返しのパターンを持って規則正しく並んでいる物質のことです。

ある寒い冬の日、空から舞い降りてきてセーターの上に乗っかった雪を眺めると、六角形に見えたことがあるかもしれません。水の分子が、自然の法則にしたがってきれいに並んでいるために、このような幾何学的な美しさが現れます。こうした雪の結晶も立派な結晶のひとつです。

青色ＬＥＤの中には、窒素（N）とガリウム（Ga）の原子が規則正しく並んだ「窒化ガリウム（GaN）」と呼ばれる結晶が入っています。じつはこの窒化ガリウムは、きれいな結晶を安定して作ることが難しく、電気的な性質をきちんと制御できなかったため、１９８０年代までは多くの研究者から避けられていました。しかし、今では窒化ガリウムのきれいな結晶を安定して作れるようになり、そのことが青色ＬＥＤを実現させるためのブレイクスルーのひとつになったのです。

◆ＬＥＤだけではない、「窒化ガリウム」の持つ可能性

２０１４年のノーベル物理学賞では、青色ＬＥＤの発明に対して賞が贈られ、「21世紀を照らす明かり」として脚光を浴びました。しかし、青色ＬＥＤに詰まっている窒化ガリウムの結晶は、まだまだ潜在能力を秘めた材料なのです。

じつは、ＬＥＤの中にある結晶には半導体が使われており、この半導体の仕組みが光る鍵を握っているのです。半導体の歴史を簡単に振り返ってみましょう。最初にゲルマニウム（Ge）の研究が進み、シリコン（Si）がそれに続きました。その後、ガリウムヒ素（GaAs）やガリウムリン（GaP）などのような材料が開発されます。この４つの半導体の登場する順番は、じつは後ほ

ど詳しく説明する「バンドギャップ」が小さなものから大きなものへと並んでいます。バンドギャップが大きな結晶は、原子どうしの結合が強いので高い温度で結晶を作る必要があります。そのため、昔は作るのが難しくできませんでした。しかし、結晶成長の技術の向上にともなって、徐々にバンドギャップの大きな結晶も、きれいにできるようになってきました。

私が学部の卒業研究生のころからずっと取り組んできた「窒化ガリウム」の一番の強みは、「バンドギャップが大きい」ということです。バンドギャップが大きいと、より大きな電圧に耐えられたり、より短い波長の光を生み出したりすることができます。この特徴を生かせば、窒化ガリウムは既存のLEDだけでなく、ほかにもさまざまなデバイスに応用できます。たとえば、冷蔵庫やエアコンの中に使われているコンプレッサーなどの「パワー半導体」や、紫外線の中でもとくに波長が短い領域の深紫外線の光を放つLEDやレーザー、これまでは利用できなかった波長の太陽光も活用できる「窒化物太陽電池」などです。

◆エネルギー問題や水問題への貢献

私はこれから、窒化ガリウムを使って2つの分野に貢献したいと考えています。

ひとつは「水問題」です。国連児童基金（ユニセフ）の調査によると、地球上にはきれいな飲み水にアクセスできない人が6億6000万人もいます。さらに、トイレや風呂などの水を得られない人に至っては、24億人にのぼるようです。この人たちに、深紫外線LEDの光でバクテリアやウイルスを死滅させる「水の浄化装置」を使ってもらいたいと考えています。実際、乾電池や太陽電池ほどの電力で動かせるものが、もうすぐ実用化されようとしています。あとは、いかに安く作るかという量産の技術が大切になります。

もうひとつは「エネルギー問題」です。日本はもうあまりGDPが伸びないから、電力の消費量はせいぜい横ばいか、あるいは下がっていくでしょう。しかし、世界に目を向けると、中国やインドなどのGDPが急速に伸びている国は、もっと電力が必要になってきます。

国際エネルギー機関（IEA）の調査によると、2020年くらいに世界の電力の供給量がGDPの伸びに対して追いつかなくなると言われています。要するに、世界で電気が足りなくなるのではないかということです。そこで登場するのが、窒化ガリウムを使ったパワー半導体です。

窒化ガリウム半導体は、現在広く使われているシリコンに比べて、電流を流したときの損失を10分の1に抑えることができます。今、名古屋大学ではこんな試算をしています。LED照明による省エネ効果と、このパワー半導体による電力損失を小さくする効果を合わせると、日本の消費電力の16パーセントほどを省エネできると考えています。福島第一原発事故より前は、原発が日本の電力供給の3割ほどを占めていたので、その半分くらいになります。

電力が足りなくなるといわれている２０２０年といえば、東京オリンピックが開かれる年です。そのときに、非常に効率の高いＬＥＤ照明と、パワー半導体を用いたシステムを提供したい。そのシステムを世界の皆さんに使ってもらいたい、というのが今描いている目標です。「窒化ガリウム」が切り拓く未来とはどのようなものなのか。この本で読者の皆さんと一緒に考えたいと思います。

第2章 青色LEDへの挑戦——高品質結晶を作れ!……59

第3章 世界初「青色発光」の瞬間……109

第1章

LEDはなぜ光るのか
——原子レベルで見たメカニズム

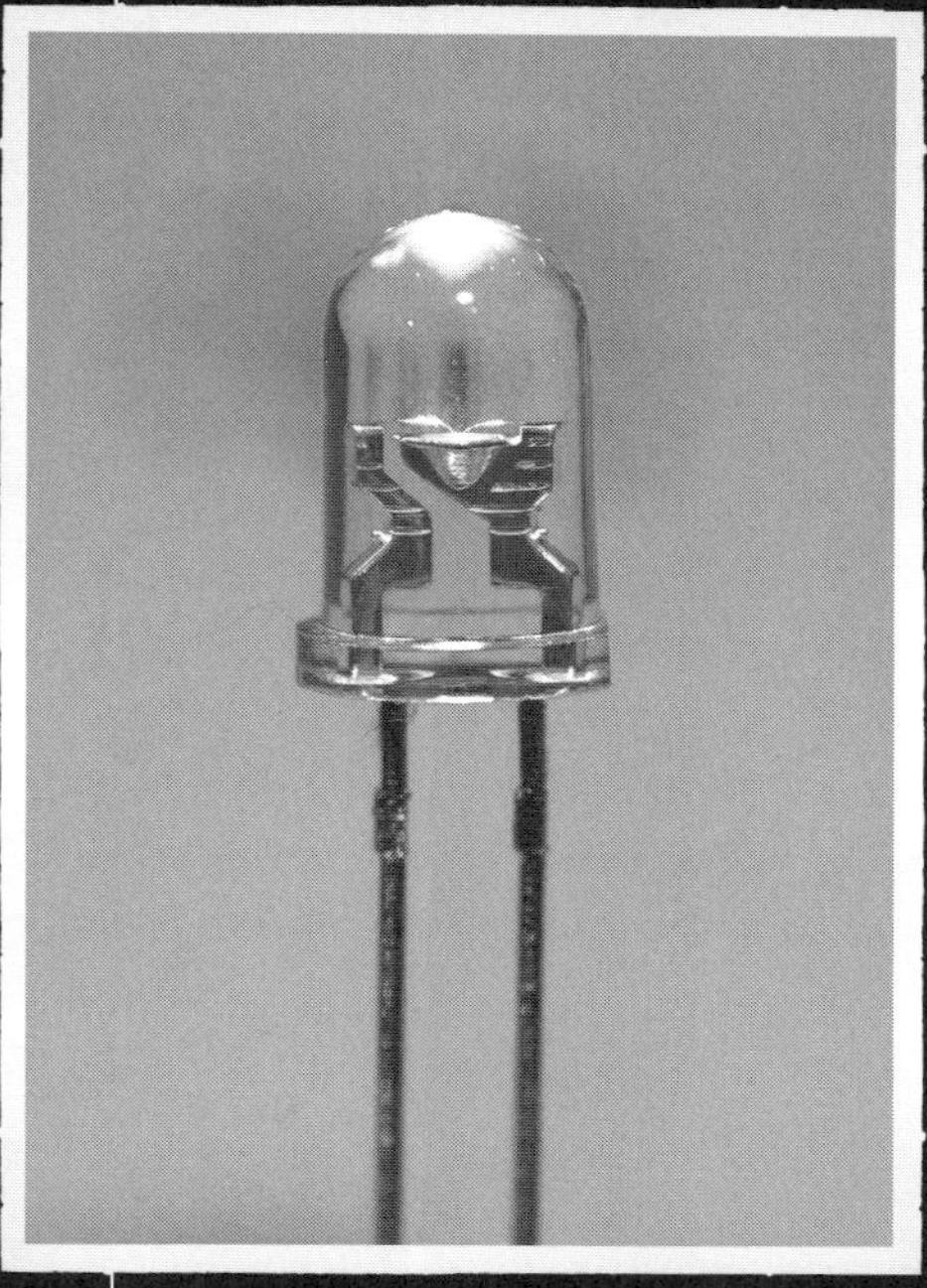

青色LED。中心にあるのが、発光素子としての窒化ガリウム結晶

さっそく青色LEDの話を始めたいのですが、その前に、この章では基本となる3つのことを話したいと思います。1つ目に「LEDは何でできているのか」、2つ目に「LEDはなぜ光るのか」、3つ目に「青色LEDはなぜ作るのが難しかったのか」についてです。

1.1 LEDは何でできているのか

◆LEDは半導体でできている

最初に「LEDは何でできているのか」を考えてみましょう。

世の中の物質は、電気の通しやすさによって大きく3つに分けられます。電気をよく通す「導体」と、電気をほとんど通さない「絶縁体」、その中間にある「半導体」です。たとえば、導体は金や銀、銅、アルミニウムなどの金属、絶縁体はガラスやゴム、プラスチックなどが挙げられます。そしてLEDの中にある結晶は、半導体でできています。

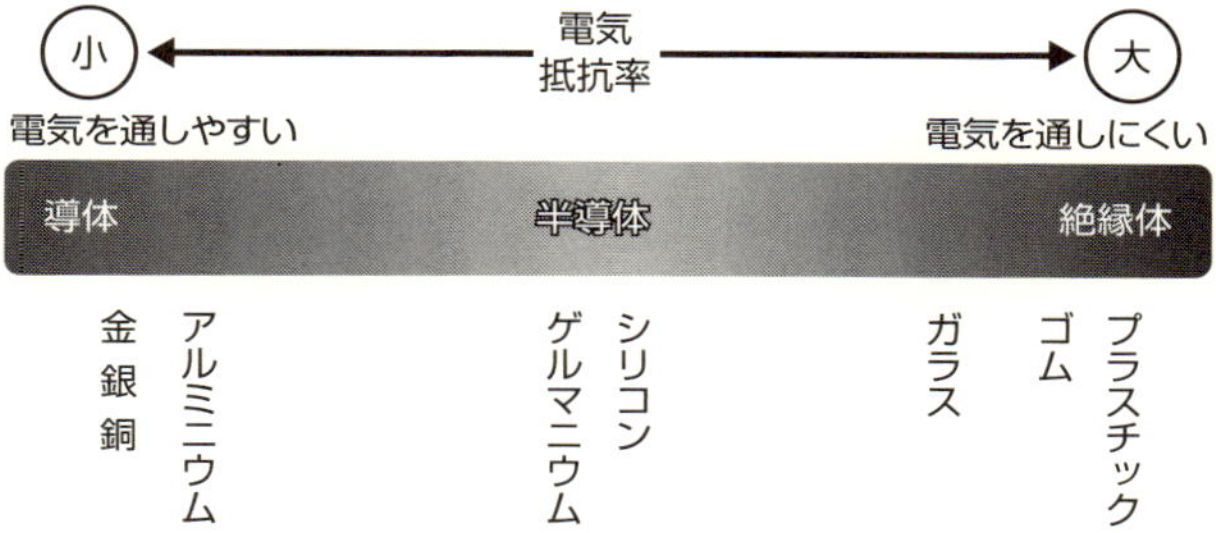

図1.1　導体・半導体・絶縁体の電気抵抗率

電気の流れにくさを示す電気抵抗率の違いで見てみましょう（図１・１）。値が小さいほど電気を通しやすく、大きいほど電気を通しにくいことを表します。はっきりとした境目はありませんが、導体は電気抵抗率が小さい物質、絶縁体は電気抵抗率が大きな物質、半導体はその間の物質です。

半導体は温度を変えたときに、面白い性質を示します。導体の場合は温度が高くなるにつれて電気抵抗率が大きくなり、電気が流れにくくなります。電流の正体は「自由に動いている電子」で、規則正しく原子が並んだ結晶の中を、障害物競走の網をくぐり抜けるように進んでいきます。導体の場合は、温度が高くなると結晶を作る原子が大きく震えるので、障害をくぐり抜けるのがより難しくなります。だから、電子が進みにくくなり、電気抵抗率が大きくなるのです。しかし、半導体はその逆で、温度が高くなるにつれて電気抵抗率が小さくなり、急激に電気が流れやすくなります（図１・２）。

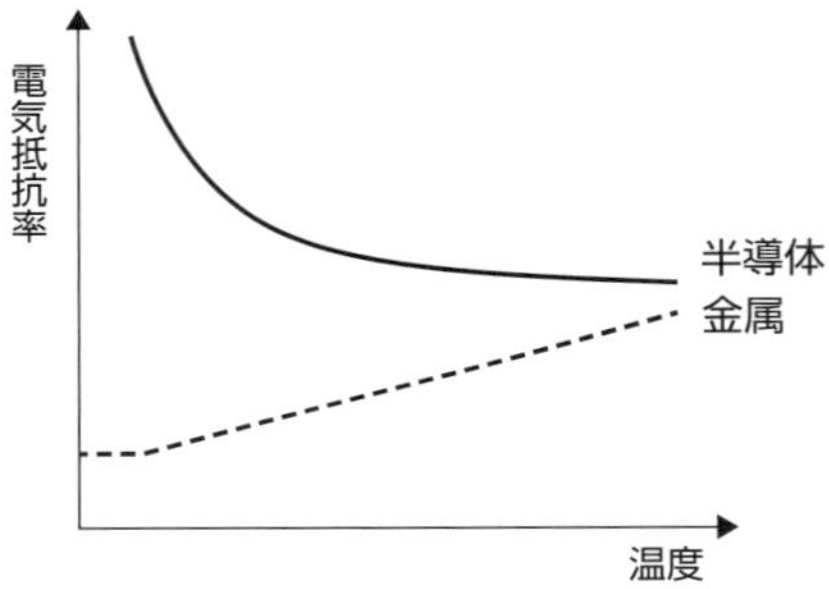

図1.2　半導体は温度が高くなるにつれ抵抗が小さくなり、電気が流れやすくなる

◆電子は「決められた部屋」にしか入れない

なぜ半導体は、温度を上げると電気を流しやすくなるのでしょうか。LEDの性質を知るために、考えてみたいと思います。電流の正体は自由に動いている電子なので、電子について考えてみましょう。原子は、陽子と中性子が集まった原子核と、そのまわりにある電子でできています。

いきなりですが、皆さんは自由にのびのびと過ごしているでしょうか。それとも、何かの制約の中で頑張っているのでしょうか。とくにサラリーマンの方々は、いろんな制約と闘いながら日々奮闘しているかもしれませんが、基本的にはどこに行こうが自由だと思います。しかし、原子核のまわりにある電子は、エネルギー的に「決められた部屋」に入ることしか許されません。

その決められた部屋は「軌道」と呼ばれています。「電子が存在できる空間」のことで、さらに正確に表現すると「電子が存在する確率が高い空間」のことです。

軌道にはいくつか種類があります。球の形をした「s軌道」、8の字のような「p軌道」、四つ葉のクローバーのような「d軌道」などです。そして、いくつかの軌道が集まったものを「電子殻」と呼んでいます。たとえば、K殻にはs軌道が1個、L殻にはs軌道が1個とp軌道が3個あります。また、M殻にはs軌道が1個とp軌道が3個、d軌道が5個集まっています。図1・3は、エネルギーの高さと軌道を表しています。電子はエネルギーが低い軌道から順番に詰まっていき、1つの軌道に2つの電子が入ることができます。

さて、ここで電子が詰まった一番エネルギーが高い軌道を拡大して見てみましょう（図1・4）。原子1個の場合は、電子が入った軌道があり、その上には電子が入っていない軌道があるはずです。

次に原子2個がくっついた場合を考えてみましょう。それぞれの軌道が同じエネルギーで重なりそうですが、そうはなりません。原子が隣り合っている場合は、エネルギーが同じ軌道がお互いに影響を及ぼし合い、それぞれの軌道のエネルギーが微妙に分かれるのです。

では、原子3個の場合、4個の場合と増やしていくと、原子がたくさん集まってできた結晶はどうなるでしょうか。電子が詰まった軌道もそうでない軌道も、たくさんの軌道が集まって幅を

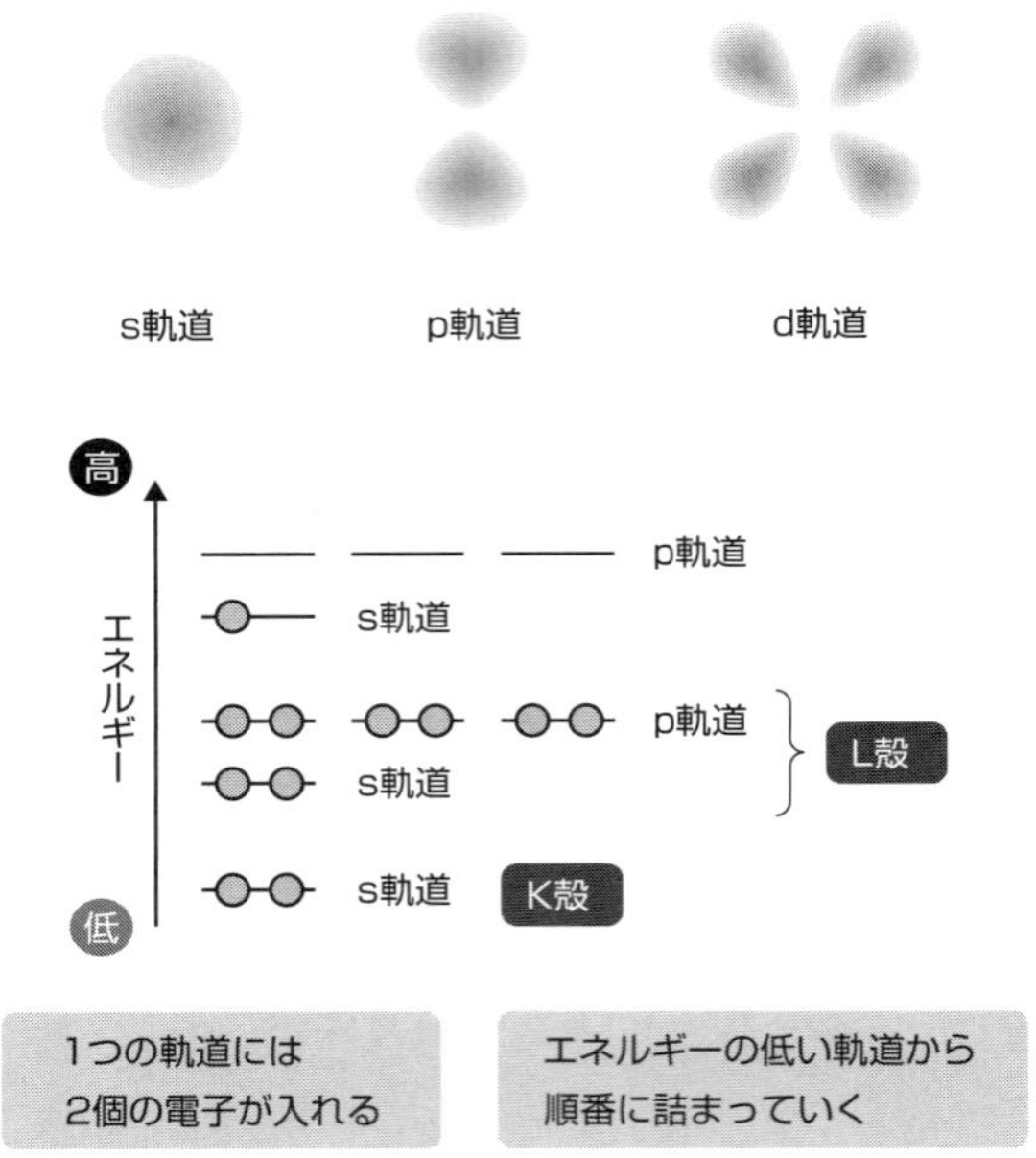

図1.3 エネルギーの高さと軌道

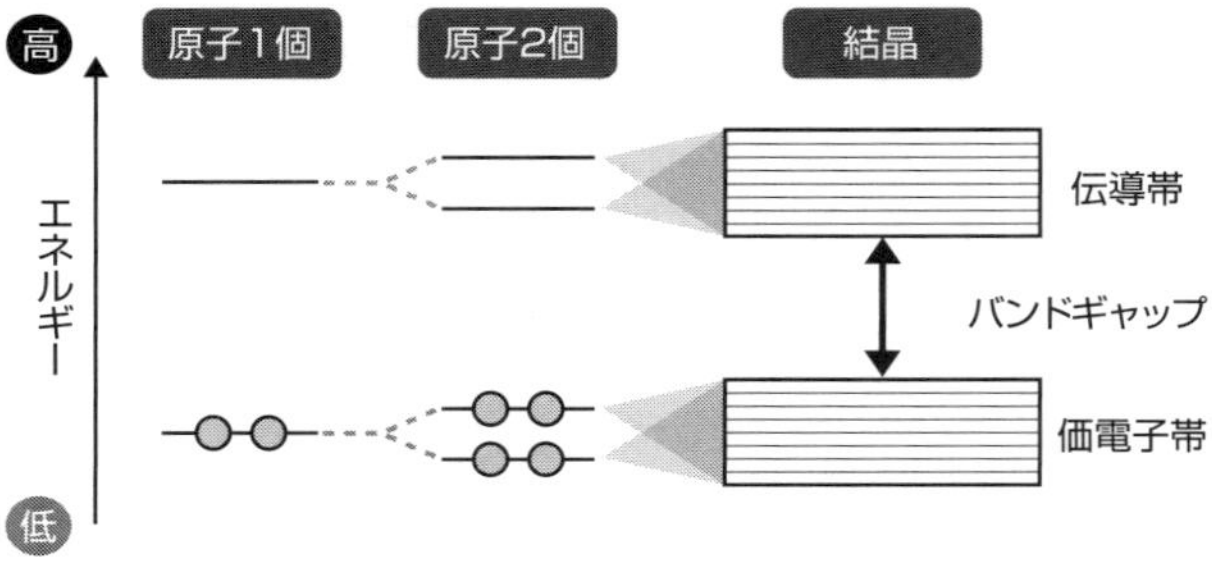

図1.4 結晶のエネルギーバンド

持ち、「帯」のようになります。このような帯のことを「エネルギーバンド」と呼んでいます。そして、電子が詰まったエネルギーバンドのことを「価電子帯」、その上の電子が詰まっていないものを「伝導帯」と呼びます。さらに、価電子帯と伝導帯の間のエネルギーの差を「バンドギャップ」と呼んでいます。ここは言葉の説明が多くなって申し訳ないですが、ＬＥＤの仕組みを知るのにとても大切なので、頑張ってついてきてくださいね。

◆なぜ半導体は温度を上げると電気を流しやすくなるのか

このエネルギーバンドを用いて、導体と半導体、絶縁体の違いをもう一度考えてみましょう。じつは、この３つの物質の違いは、「電子がどこまで詰まっているか」と「バンドギャップの大きさ」が関係しています。

図１・５のような３つのエネルギーバンドについて考えてみましょう。電子はエネルギーが低い場所から順番に詰まっていき、エネルギーバンドがない場所には存在できません。

それでは水槽に水を注ぐイメージで、電子を詰めてみましょう。図１・５のように電子を詰めると、①のエネルギーバンドには途中まで電子が入り、②と③は満タンに詰まったエネルギーバンドと空っぽのエネルギーバンドに分かれました。

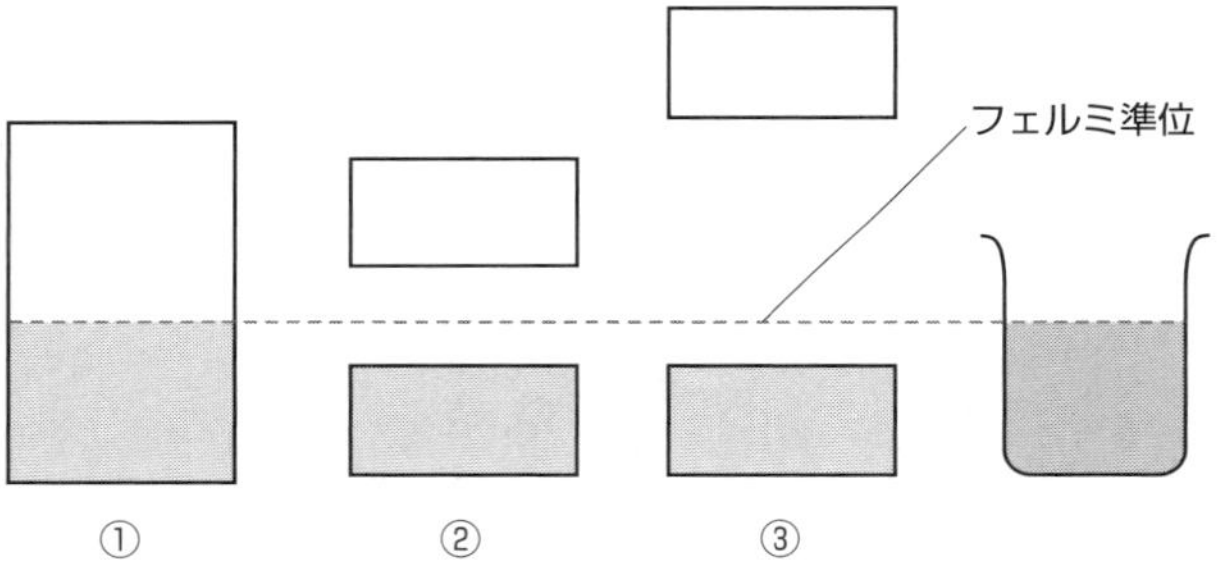

図1.5　3つのエネルギーバンドに電子を詰める

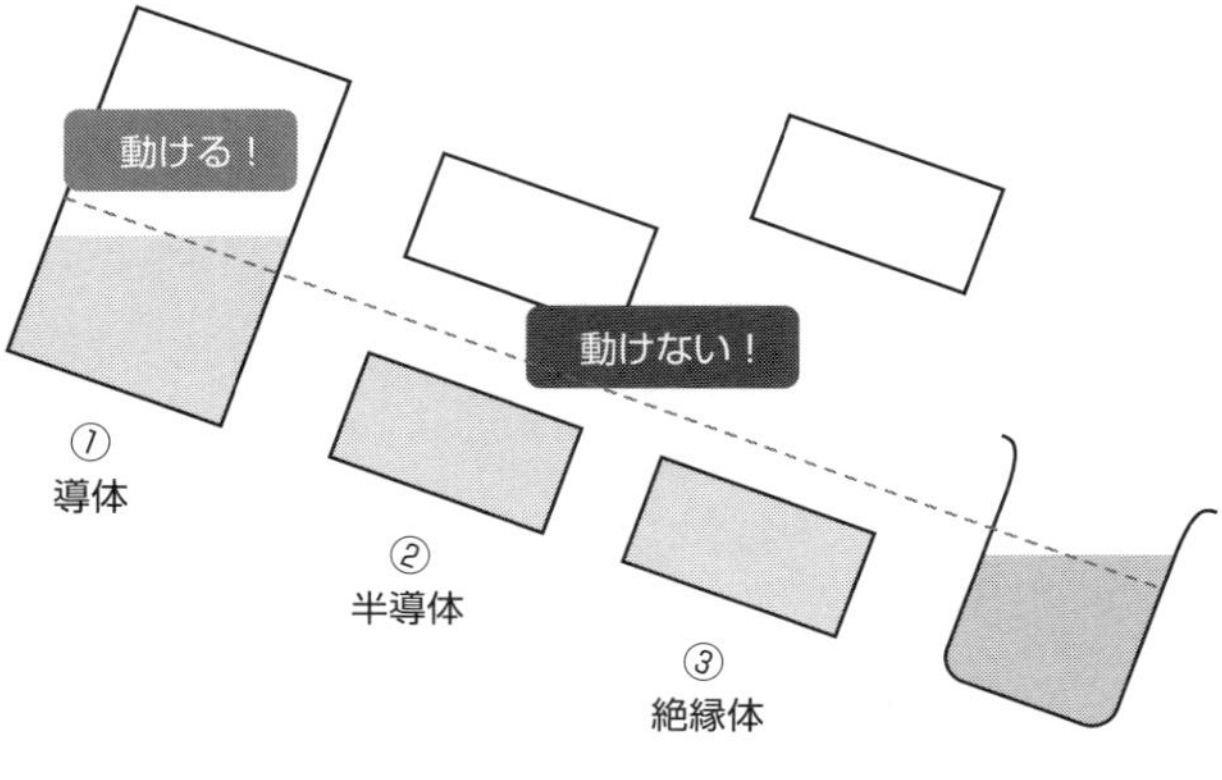

図1.6　3つのエネルギーバンドに電子を詰めて傾ける

それでは、エネルギーバンドを水槽、電子を水だと思って、図１・５を傾けてみましょう。皆さんも本を傾けて想像してみてください。すると、図１・６のようになりますよね。①の水槽は上にすき間があるので水が動けます。しかし、②と③の水槽にはすき間なく水が入っているので、水が動いているようには見えません。傾けるという喩《たと》えは、電池をつないで電圧をかけることに対応します。つまり、①に電圧をかけると電子が自由に動けるので電気が流れますが、②と③は電子が自由に動けないので電気は流れないのです。

この水槽に注いだ水の水面の高さ、つまり電子がどこまで詰まる可能性があるのかを示すエネルギーのことを「フェルミ準位」と呼んでいます。このフェルミ準位が、①のようにエネルギーバンドの中にあるものが導体、②や③のようにエネルギーバンドの外にあるものが半導体と絶縁体です。それでは、半導体と絶縁体は何が違うのでしょうか。

フェルミ準位について、もう少し詳しく説明しましょう。先ほどは電子がどこまで詰まることができるかを表すエネルギーだと言いました。つまり、フェルミ準位より低いエネルギーに電子が存在でき、高いエネルギーには存在できないと。じつは、この世で考えられる一番冷たい温度「絶対零度（マイナス２７３℃）」では確かにそうなのですが、絶対にそうだとは言い切れません。

図１・７を見てください。電子の分布確率というのは、そのエネルギーの高さに電子が存在で

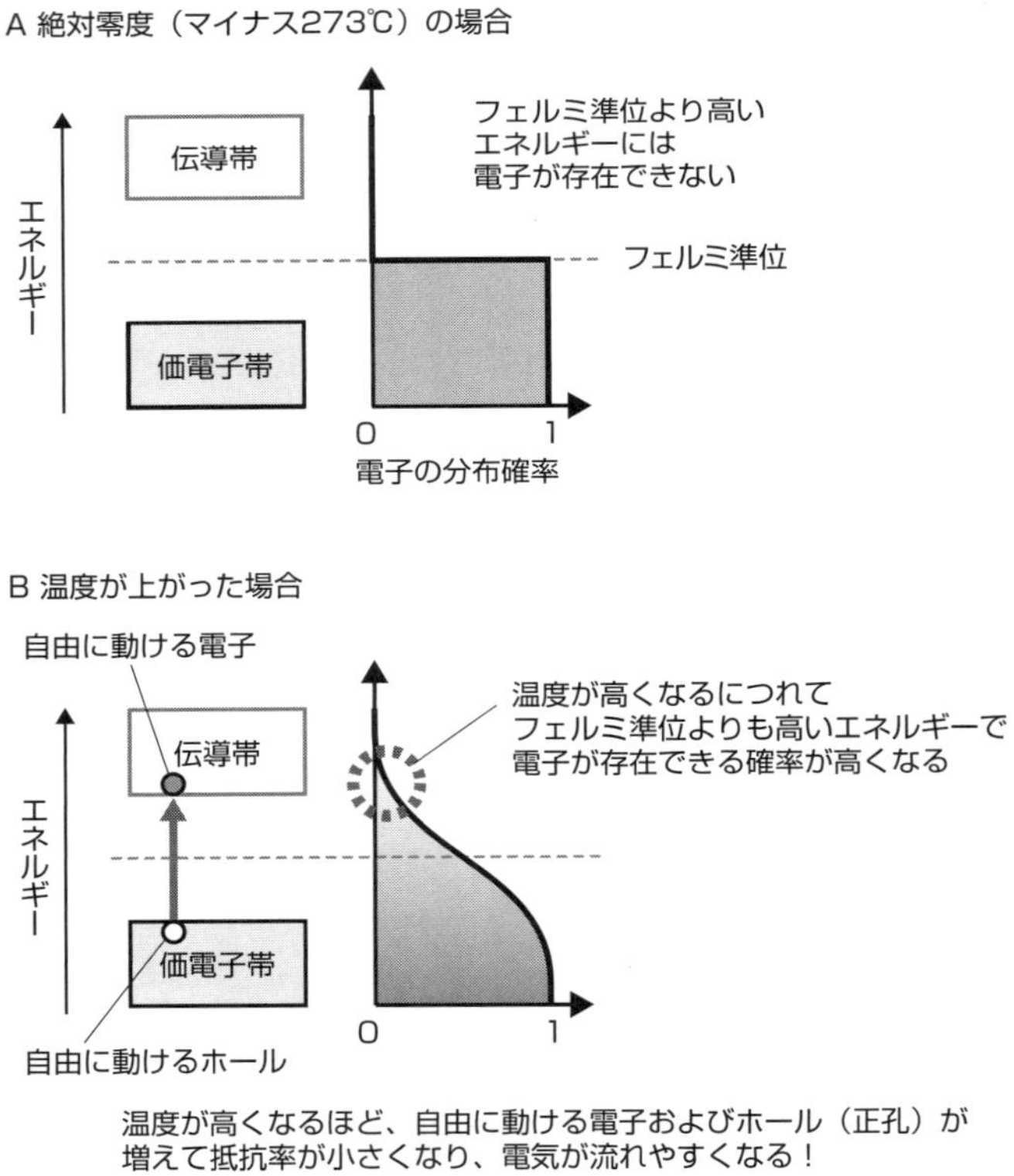
A 絶対零度（マイナス273℃）の場合
伝導帯
エネルギー
価電子帯
フェルミ準位より高い
エネルギーには
電子が存在できない
フェルミ準位
0
1
電子の分布確率
B 温度が上がった場合
自由に動ける電子
伝導帯
エネルギー
価電子帯
自由に動けるホール
温度が高くなるにつれて
フェルミ準位よりも高いエネルギーで
電子が存在できる確率が高くなる
0
1
温度が高くなるほど、自由に動ける電子およびホール（正孔）が
増えて抵抗率が小さくなり、電気が流れやすくなる！

図1.7 半導体は温度が高くなるほど電気が流れやすくなる

きる確率です。「0」だと電子が存在できませんが、「1」に近づくほど電子が存在できる可能性が高いことを示しています。絶対零度の場合は、電子の分布確率のグラフが、フェルミ準位を境にして「0」か「1」かではっきりと分かれています（図1・7A）。つまり、フェルミ準位よりも高いエネルギーには電子が存在できないということです。

しかし、半導体の温度が高くなると、電子がフェルミ準位よりも高いエネルギーで存在できる確率が高くなっていきます（図1・7B）。価電子帯の電子が熱エネルギーを受け取ると、フェルミ準位よりもエネルギーが高い伝導帯に移動（励起）します。すると、伝導帯には自由に動ける電子が増えて、価電子帯には電子が移動したあとにプラスの電気を帯びたような穴「ホール（正孔）」ができます（詳しくは後述）。電気の流れやすさは、自由に動ける電子やホールの濃度と、電子やホールの動きやすさを表す「移動度」によって決まります。移動度は高温になると減ってしまうのですが、自由に動ける電子の濃度は温度が高くなるにつれて指数関数的に増えていくので、結果的に抵抗率が小さくなり、電気が流れやすくなるのです。

◆「ドーピング」で性質が激変！

先ほどは「温度を高くすると電気が流れる」という半導体の性質についてお話ししましたが、

もうひとつ、面白い性質があります。半導体は、とても「神経質」なんです。

読者の皆さんの中には、ハンガーの種類は全部同じじゃないと嫌だという人がいるかもしれません。ひとつでも違う種類のハンガーが混ざっていると、なんだか落ち着かない。同じように、半導体も「不純物にとても敏感」です。

どのくらい敏感かというと、1億分の1ほどのわずかな量でも不純物が混ざると、性質が大きく変わってしまうほどです。1億粒の丹波の黒豆を想像してください。ちなみに200リットルのドラム缶350個分に相当します。その中に、たった1粒だけ小豆が混ざっただけで、大きく性質が変わってしまうのです。恐ろしく敏感ですね。

そして私たちは、不純物に敏感だという半導体の性質をあえて利用しています。先ほど、半導体は温度を高くしてエネルギーを与えると電気を流すようになると説明しましたが、不純物を混ぜると、よりわずかなエネルギーで電気が流れるようになるのです。このように、わざと不純物を混ぜることを「ドーピング」と呼んでいます。ドーピングと聞くと、スポーツ選手が運動能力を上げるために競技前に薬を飲む行為が頭に浮かんで、あまり良いイメージではないかもしれません。あのドーピングも、自分の体の中に不純物を混ぜていますよね。

なぜ不純物を混ぜると電気の流れやすさが変わるのでしょうか。身近な半導体であるシリコン（Si）を例として考えてみましょう。シリコンの原子は、一番外側の殻に4個の電子を持ってい

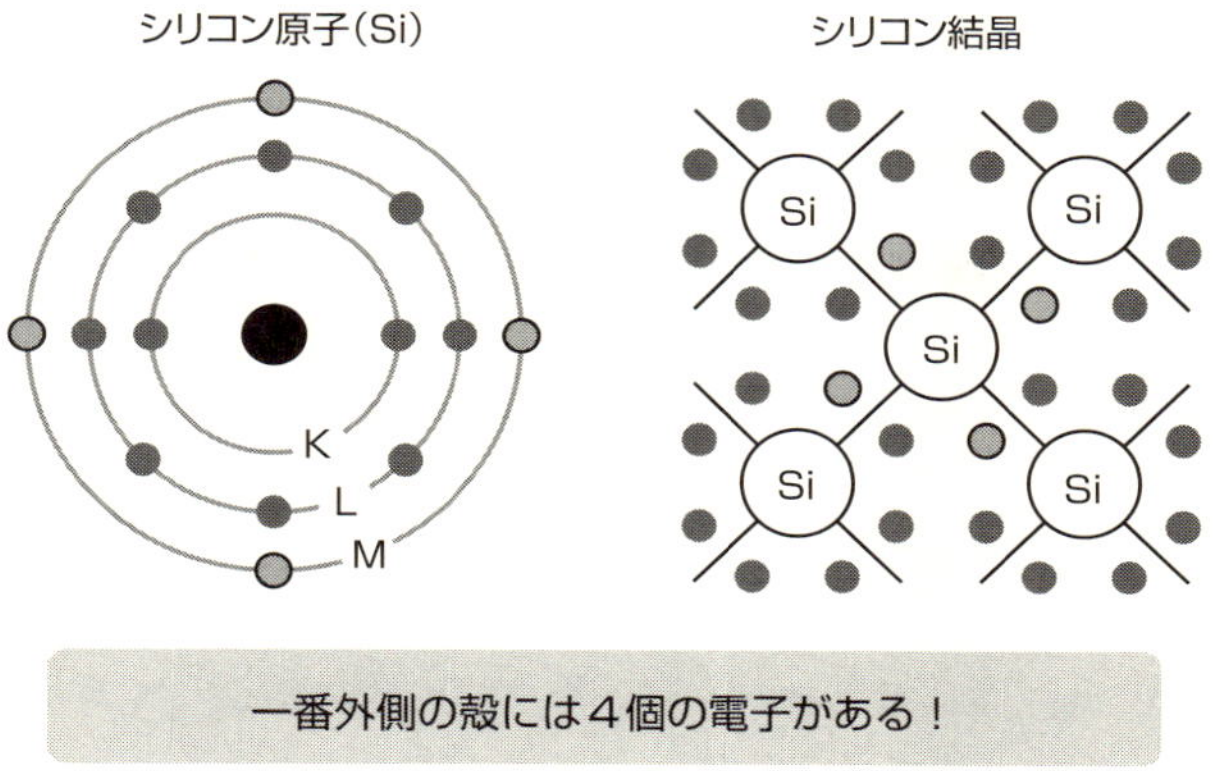

図1.8 シリコン原子とシリコン結晶

ます。たくさんのシリコン原子が結びついて結晶になると、隣り合う原子どうしがお互いに1個ずつ電子を出し合い、4つの原子と結びつきます（図1・8）。

それではこの中に不純物を混ぜてみましょう。まずはリン（P）です。リン原子は一番外側の殻に、シリコン原子よりも1つ多い5個の電子を持っています。図1・9を見てください。シリコン原子1個をリン原子に置き換えてみました。このとき、先ほどと同じように隣り合う原子どうしがお互いに1個ずつ電子を出し合って結びつくと、電子が1個余ってしまいます。この余った電子は、わずかなエネルギーが与えられるだけで、リン原子から離れて自由に動けるようになります。つまり、電気を流せるようになるのです。

このように、一番外側の殻の電子が1個多い不純

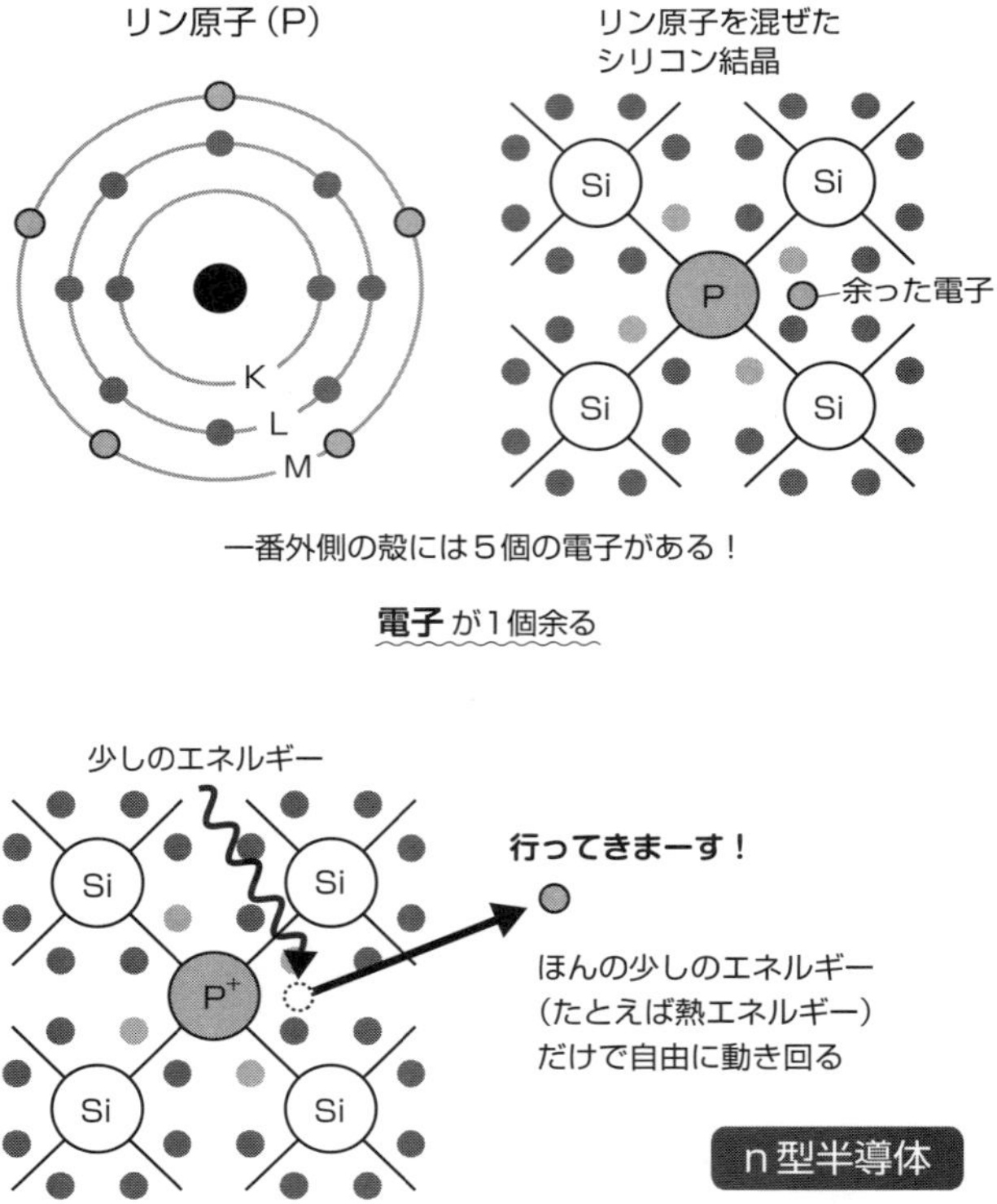

図1.9 シリコン結晶にリン原子を混ぜるとどうなるか

物を混ぜたことで、余った電子がたくさんある結晶を「n型半導体」と呼びます。電子はマイナスの電気を持っているため、ネガティブの頭文字の「n」が使われています。そして、今回のリン原子のように、結晶中で自由に動ける電子を「どうぞ！」と提供するような、n型半導体に含まれる不純物を「ドナー」といいます。臓器提供で、臓器を提供する人としても使われる言葉ですよね。

それでは次に、ボロン（B）という原子を混ぜようと思います。ボロン原子は一番外側の殻に、シリコン原子よりも1個少ない3個の電子しか持っていません。図1・10を見てください。シリコン原子1個をボロン原子に置き換えました。するとこんどは、電子が1個足りなくなってしまいました。本来あるはずのマイナスの電気を帯びた電子がないので、あたかもプラスの電気を帯びた「穴」のようになります。名前はそのまま「ホール（正孔）」と呼ばれています。

このように、一番外側の殻の電子が1個少ない不純物を混ぜて、ホールがたくさんある結晶を「p型半導体」と呼びます。今回はプラスの電気を帯びた穴なので、ポジティブの頭文字の「p」が使われています。

ところで、ホールの隣の電子にわずかなエネルギーが加わると、電子がホールに飛び移ることができます。すると、もともと電子があった場所に穴が空くので、さらに隣の電子がその穴に飛び移る……と繰り返していくと、あたかもホールが動いているように見えます。つまり、ホール

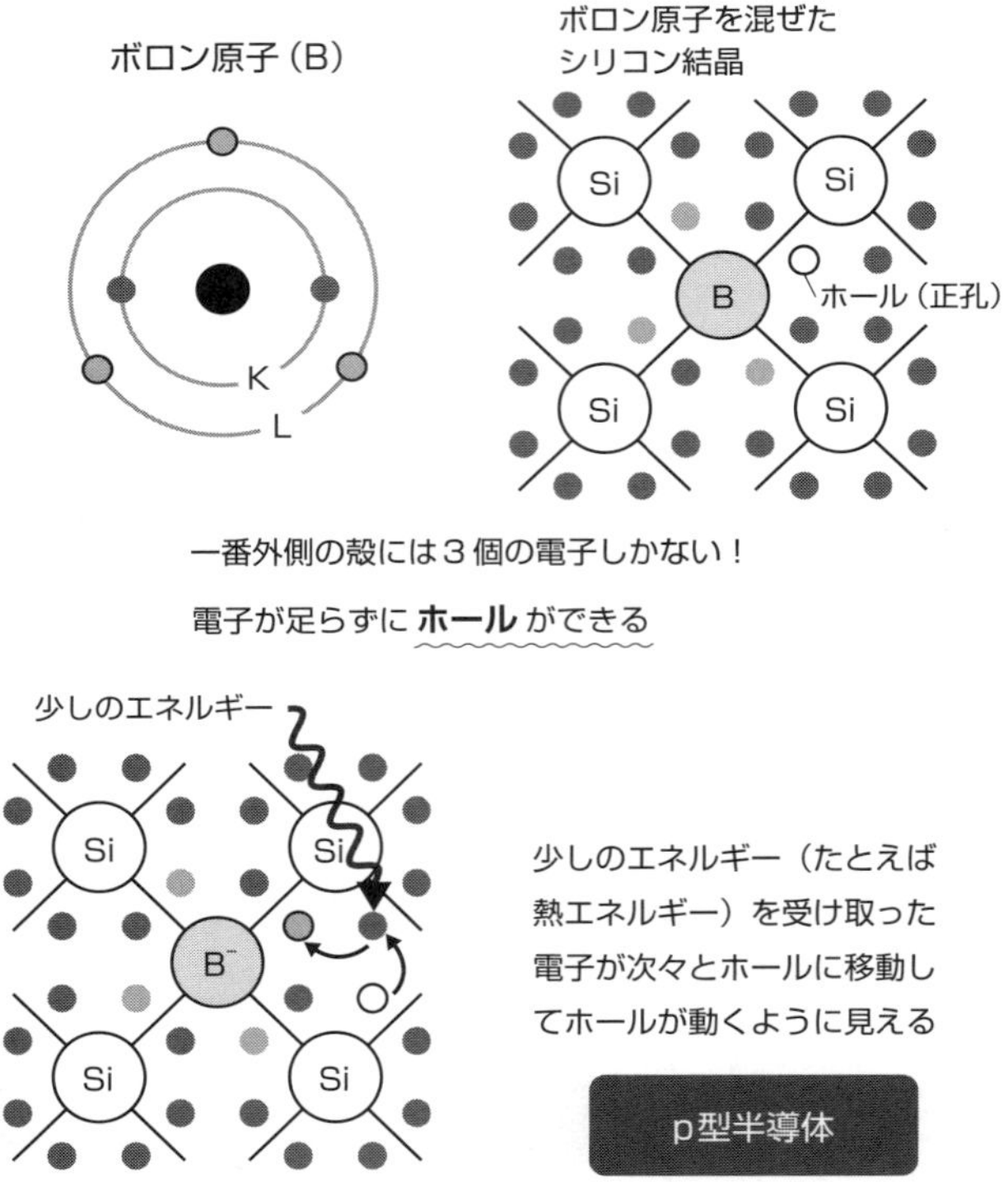
ボロン原子（B）
K
L
ボロン原子を混ぜた
シリコン結晶
Si
Si
B
ホール（正孔）
Si
Si
一番外側の殻には３個の電子しかない！
電子が足らずにホールができる
少しのエネルギー
Si
Si
B⁻
Si
Si
少しのエネルギー（たとえば
熱エネルギー）を受け取った
電子が次々とホールに移動し
てホールが動くように見える
p型半導体

図1.10 シリコン結晶にボロン原子を混ぜるとどうなるか

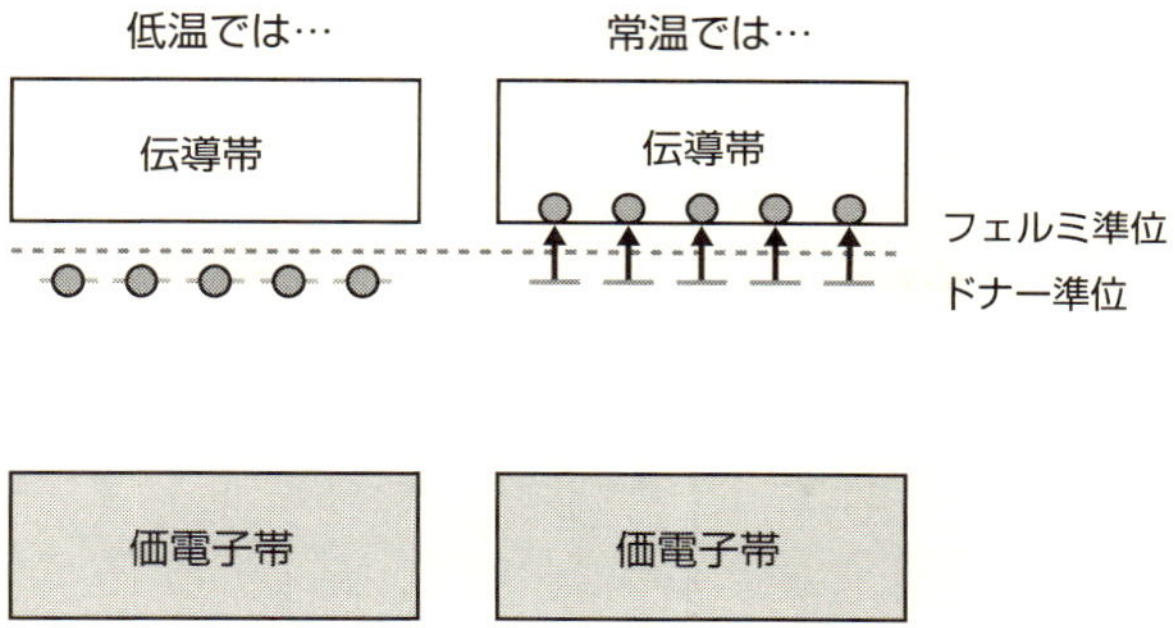

図1.11　n型半導体のエネルギーバンド

は電子を「ちょうだい！」と受け取る役目を果たしています。今回のボロン原子のように、電子を受け取るホールを増やすような、ｐ型半導体に含まれる不純物を「アクセプター」といいます。受け取り役という意味ですね。

◆LEDは「pn接合」でできている！

それでは、先ほど話したエネルギーバンドを用いて、ｎ型半導体とｐ型半導体についてもう少し詳しく考えてみましょう。

最初はリン原子を混ぜたｎ型半導体です。半導体には、電子が詰まった「価電子帯」と、電子が詰まっていない「伝導帯」があり、その間には「バンドギャップ」というエネルギーの差があると話しました。この中にリン原子を混ぜると、わずかなエネルギーで自由に動ける電子が増えます。つまり、わずかなエネルギーで伝導帯に移動できる

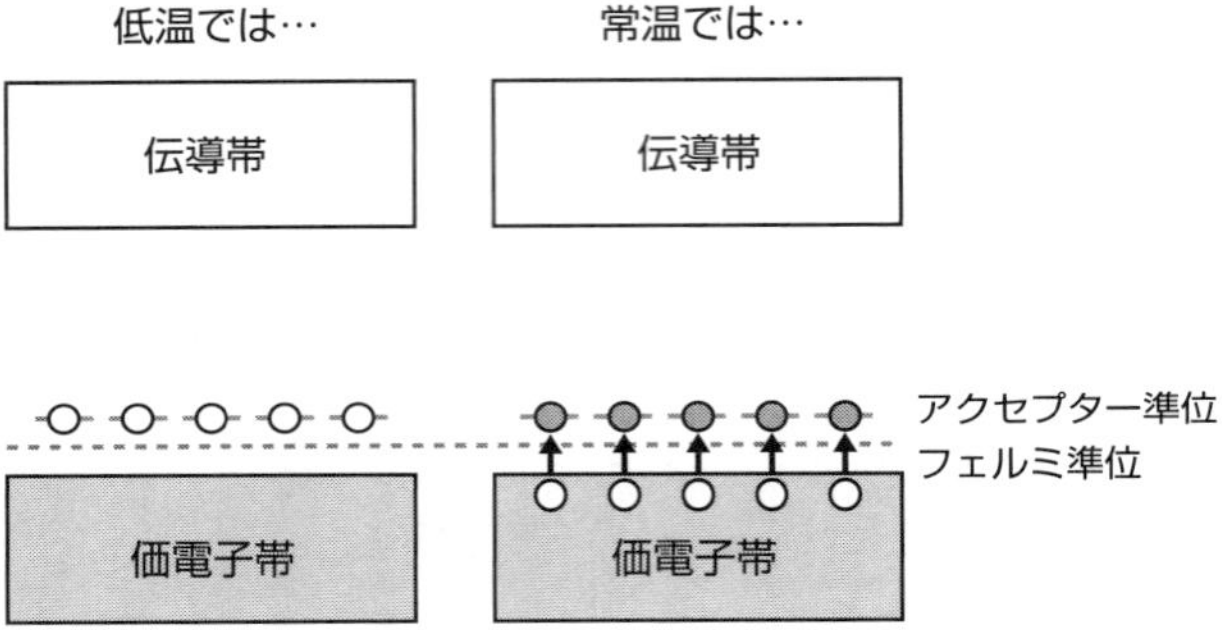

図1.12 p型半導体のエネルギーバンド

電子が増えることを意味します。エネルギーバンドの図では、伝導帯のわずかに下に新しく電子の居場所ができて、その場所に電子が増えることになります（図1・11左）。

このように、ドナーを混ぜて新しくできた電子の居場所のことを「ドナー準位」と呼んでいます。ドナー準位にある電子は、常温ほどの熱エネルギーだけで伝導帯に飛び移ることができます（図1・11右）。また、価電子帯からも伝導帯に少し電子が移ってきているので、n型半導体には伝導帯にたくさんの電子が、価電子帯には少しのホールがあります。また、ドナー準位ができることで、「電子がどこまで詰まる可能性があるのかを示すエネルギー」であるフェルミ準位の位置が変わります。電子がドナー準位まで詰まるので、電子の詰まり具合を表すフェルミ準位はドナー準位のすぐ上に移動します。

次にボロン原子を混ぜたp型半導体です。ボロン原子を混ぜると、電子がわずかなエネルギーで移動できるホールが増えます。つまり、エネルギーバンドの図では、価電子帯のわずかに上に新しく電子の居場所ができて、電子が飛び込めるホールがあるようになります（図１・12左）。

このように、アクセプターを混ぜて新しくできた電子の居場所のことを「アクセプター準位」と呼んでいます。価電子帯にある電子は、常温ほどの熱エネルギーだけでアクセプター準位に飛び移ることができます（図１・12右）。また、価電子帯から伝導帯に電子が飛び移る場合もあるので、ｐ型半導体には価電子帯にたくさんのホールが、伝導帯には少しの電子があります。この場合もまた、電子の詰まり具合が変わるので、フェルミ準位はアクセプター準位のすぐ下に移動します。

そして、ついに「ＬＥＤは何でできているのか」という問いに答えることができます。ＬＥＤは半導体でできていることはすでに話しましたが、正確には、ｐ型半導体とｎ型半導体を合体させた「ｐｎ接合」と呼ばれる結晶でできています。それでは次に「ＬＥＤはなぜ光るのか」を考えてみましょう。

1.2 電気が光に変わる仕組み

◆p型とn型を合体させると何が起きるのか

p型半導体とn型半導体を合体させると、いったい何が起こるのでしょうか。まずは大雑把に考えてみましょう。濃いカルピスの原液と水を混ぜるとどうなりますか。2つの液体は勢いよく混ざり、時間が経つにつれて濃度が均等になるようにカルピスがまんべんなく広がっていくと思います。

2つの半導体を合体させたときにも、同じようなことが起こっています。マイナスの電気を帯びた電子がたくさんあるn型半導体と、プラスの電気を帯びたホールがたくさんあるp型半導体を合体させてみましょう。最初はプラスとマイナスが極端に偏っていますが、濃度が均等になるように、n型半導体にある電子はp型半導体に、p型半導体にあるホールはn型半導体に広がっていきます（図1・13A）。すると、自由に動ける電子がホールの穴に入り、電子とホールがくっついてなくなります。

このまま続くと、電子とホールがすべてくっついてなくなってしまいそうですが、そうはなりません。

ある程度の電子とホールがくっついてなくなると、n型半導体とp型半導体の境界近くでは、電子を1個失ったリンのプラスイオンと、電子が1個増えたボロンのマイナスイオンが残ります（図1・13B）。この状態で、n型半導体の電子がp型半導体のほうに広がろうとすると、ボロンのマイナスイオンと反発して進めなくなってしまいます。同様に、p型半導体のホールがn型半導体のほうに広がろうとすると、リンのプラスイオンと反発してしまいます（図1・13C）。つまり、ある程度の電子とホールが広がって消えてしまうと、pn接合の境界近くのイオンが「壁」となり、行き来しようとする電子とホールを跳ね返してしまうのです。こうして、n型半導体には電子が、p型半導体にはホールが溜まった状態で落ち着くことになります。このようなpn接合の境界近くのイオンがある場所を「空乏層《くうぼうそう》」と呼んでいます。

それでは次に、pn接合をエネルギーバンドの図で考えてみましょう。先ほど考えたn型半導体とp型半導体のエネルギーバンドの図を、そのまま合体させてみます。すると、2つの半導体で大きく違うものがあります。それは、「フェルミ準位の高さ」です。n型半導体は伝導帯のす

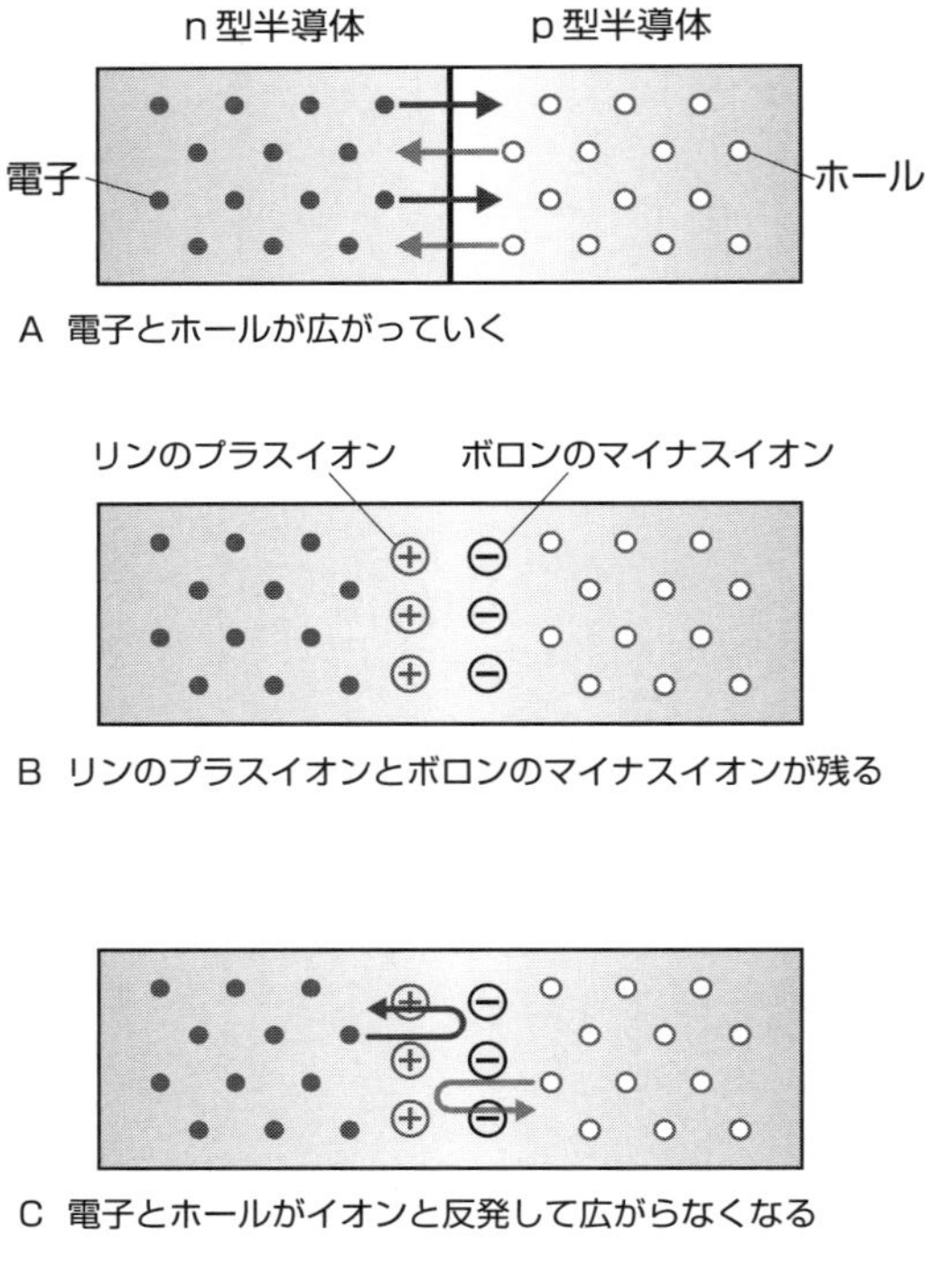

B リンのプラスイオンとボロンのマイナスイオンが残る
C 電子とホールがイオンと反発して広がらなくなる

図1.13 p型半導体とn型半導体を合体させるとどうなるか

ぐ下に、ｐ型半導体は価電子帯のすぐ上にあります。

ここでもう一度、フェルミ準位を水槽に注いだ水の水面の高さにたとえて考えてみます。大きな水槽を真ん中で仕切って、左側にはたくさんの水を、右側には少しの水を注ぎます。真ん中を仕切っている板をはずすと、どうなるでしょうか（図１・14）。左側の水が右側に勢いよく流れ込み、水面の高さは同じになりますね。

実際の半導体のフェルミ準位でも、同じようなことが起こります。つまり、２つの半導体を合体させると、ｎ型半導体とｐ型半導体のフェルミ準位の高さがそろうのです。そして、２つの半導体のエネルギーバンドの高さに差ができるため、境界近くのエネルギーバンドがなだらかな坂道でつながります（図１・15）。

このとき、ｎ型半導体の伝導帯にある電子はｐ型半導体のほうに広がろうとしますが、境界近くにエネルギーの壁ができるので移動できなくなります。ｐ型半導体の価電子帯にあるホールも同様です。これがｐｎ接合のエネルギーバンドの図です。ちなみに、坂道でつながれた場所が、先ほどの空乏層にあたります。ここまで来れば「ＬＥＤはなぜ光るのか」の謎をとくまで、あともう一息です。

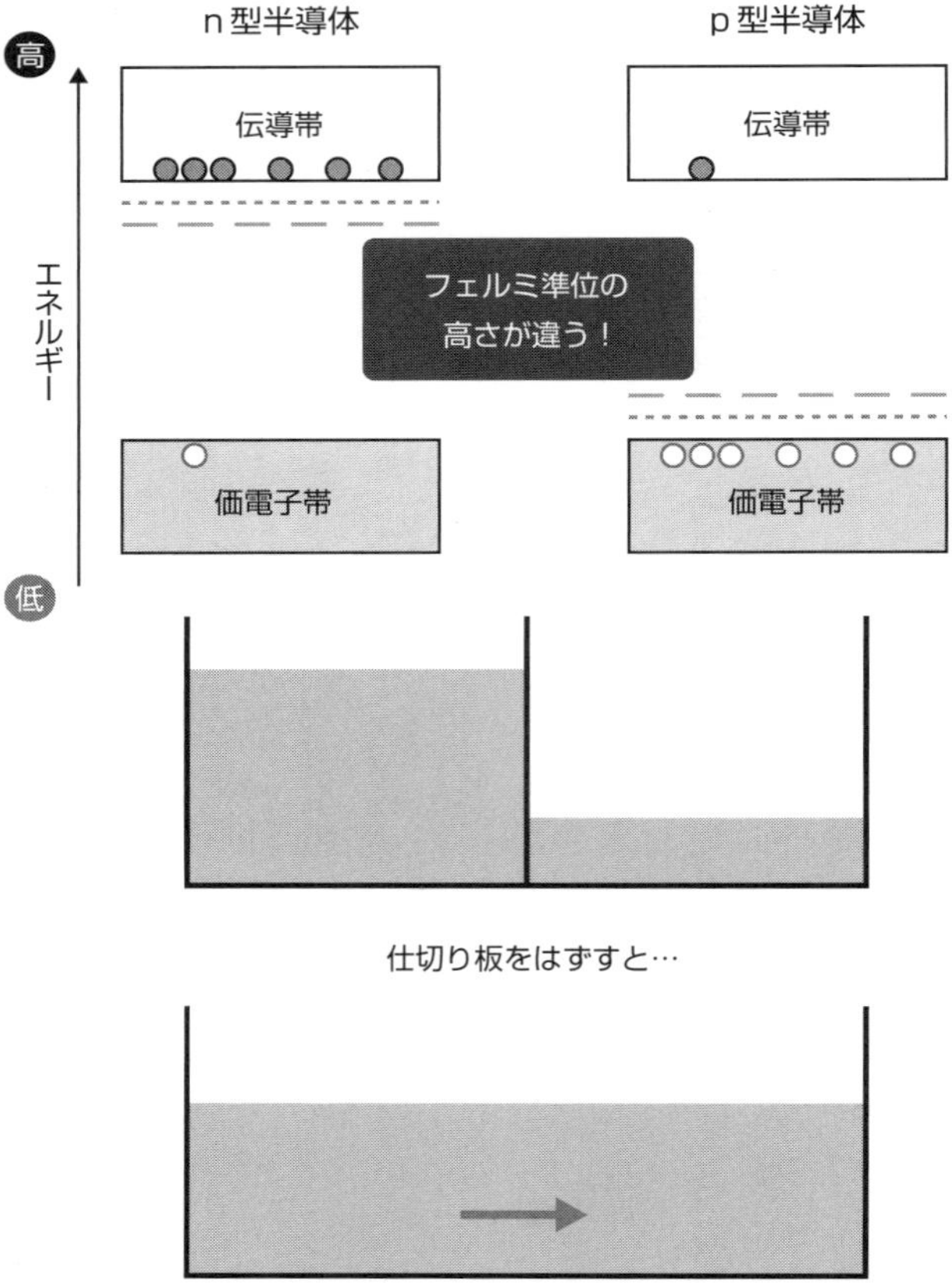

図1.14　水槽の仕切り板をはずすと水面の高さがそろう

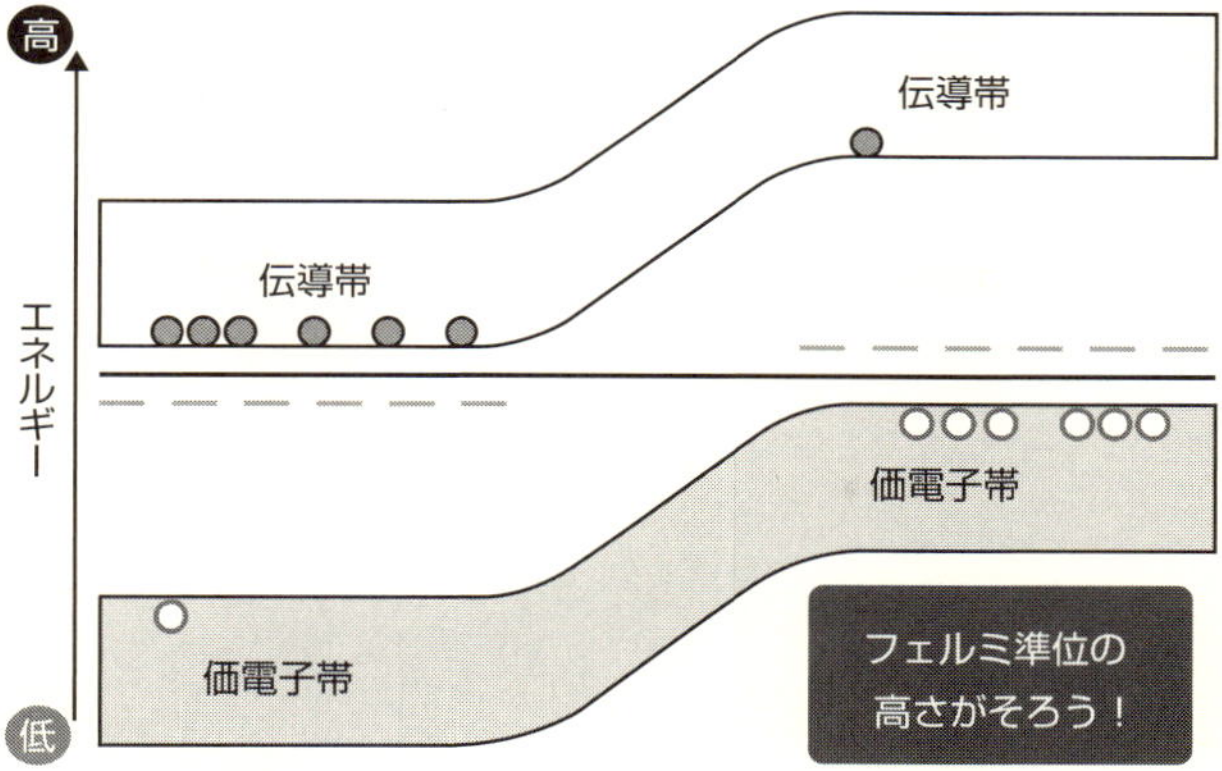

図1.15　pn接合のエネルギーバンド

◆ｐｎ接合に電気を流すと光る！

いよいよ「LEDはなぜ光るのか」の核心に迫りたいと思います。

先ほどのｐｎ接合の半導体に電池をつないで、電圧をかけてみましょう。ｐ型半導体にプラス極、ｎ型半導体にマイナス極をつなぎます。すると、電圧を加えたぶんだけ、ｐｎ接合の境界近くのエネルギーの壁の高さが低くなります。

エネルギーの壁が低くなると、ｎ型半導体の電子はその壁を乗り越え、ｐ型半導体のほうに広がっていくことができるようになります。つまり電気が流れるわけです。同様に、ｐ型半導体のホールもｎ型半導体のほうに広がることができるようになります。すると、ｐｎ接合の境界近くで、伝導帯の電子が価電子帯のホールに落ちるようになります。このとき、電子はエネルギーの高いところから低いところに移動するので、落ちたぶんのエネルギーに見合った光を放つのです。これがＬＥＤが光る仕組みです。なぜエネルギーが光に変わるのかは、後ほど説明します。

次に、電池を逆向きにつないでｐ型半導体にマイナス極、ｎ型半導体にプラス極をつないでみましょう。すると、電圧を加えたぶんだけ、ｐｎ接合の境界近くのエネルギーの壁の高さがより高くなってしまいます。これでは電子もホールも動けないので、電気は流れません。このように、ｐｎ接合は決まった方向にしか電気を流さないという特徴があります。

ところで、ＬＥＤというと、消費電力が小さいというメリットを真っ先に思い浮かべると思います。関東電気保安協会によると、54Ｗ（ワット）の白熱電球と同じ明るさに光らせるために、ＬＥＤが使う電力はわずか７Ｗです。ＬＥＤは白熱電球の８分の１ほどしか電気を使いません。なぜＬＥＤは白熱電球に比べて、効率よく光らせることができるのでしょうか。

雪がしんしんと降り積もる寒い日に、囲炉裏の炎にかじかんだ手をかざして体を温めた思い出はありますか。時折、パチパチと木炭がはぜる小気味良い音が聞こえ、冷えきった心まで温まります。竹筒を通して「ふぅー」っと息を吹きかけると、熱せられた木炭の赤い光がより一層強くなり、赤白い光が揺らめきます。このとき、木炭が発している光は「熱放射」による光です。つまり、熱を持った物体がその温度に見合った光を放つ現象です。白熱電球はこの現象と同じように、フィラメントに電気を流して加熱して、電気をいったん熱に変えて光らせているのです。

一方、ＬＥＤは違った方法で光を放っています。先ほど話したように、伝導帯の電子が価電子帯に落ちたときに、バンドギャップに見合った波長の光が放たれます。つまり、ＬＥＤは熱を介さずに、電気を直接光に変えられる。電気のエネルギーを熱として逃さずに、効率よく光らせることができるため、同じ明るさを生み出すにもわずかな電力しか必要としないのです。

◆ＬＥＤの光は何色？

ＬＥＤが放つ光は何色に見えるのでしょうか。次節で「青色ＬＥＤはなぜ作るのが難しかったのか」を語る準備として、ここで「ＬＥＤが何色に光るのか」について考えてみましょう。そのために、光の波長と見える色の関係について話したいと思います。

私たちが知っている光は、赤や黄、緑、青など多彩です。しかし、人間の目で見える光は「可視光線」と呼ばれ、光全体のほんの一部で、見えない光もたくさんあります（図１・16）。

光には波の性質があります。その波の山と山との間の長さが波長です。じつはこの波長の長さによって、人間の目で見えたり見えなかったり、あるいはどんな色に見えるかが決まっています。私たちが見えるのは、３８０～７８０ナノメートルの波長の光だけ。波長が長いものから順

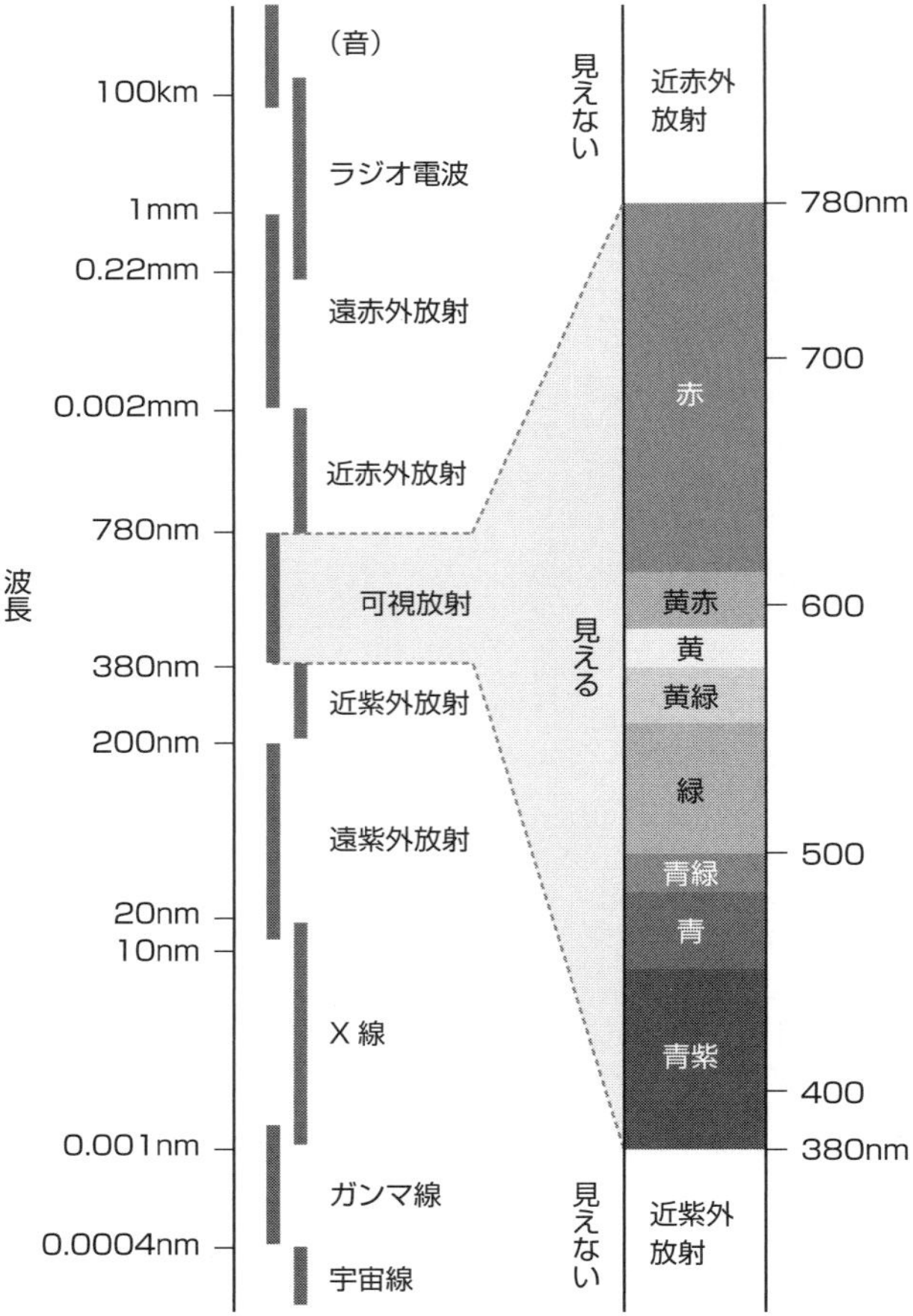

図1.16 電磁波の波長と光のスペクトル

番に「赤・橙・黄・緑・青・藍・紫」と虹色に見えています。さらに波長が短くなると、日焼けの原因となる「紫外線」、レントゲンで使う「X線」、放射線の一種の「ガンマ線」と続きます。

放射線のイメージからも分かるように、波長が短くなるほど、光のエネルギーは大きくなります。一方、波長が長くなると、暖房器具で見かける「赤外線」、電子レンジに使われる「マイクロ波」、テレビやラジオの放送に使われる「電波」と続きます。波長が長くなるほど、光のエネルギーは小さくなります。これを光の二重性といいます。光は波としての性質と、エネルギーの粒としての性質の両方を持っているのです。

それでは、LEDの光の色について考えます。先ほど、伝導帯の電子が価電子帯のホールに落ちたぶんのエネルギーに見合った光を放つと話しました。この落ちたぶんのエネルギーとは「バンドギャップ」のことですよね。じつは、LEDはバンドギャップのエネルギーに見合った波長の光を放つのです。逆に考えると、光らせたい色の波長になるようにバンドギャップを調節すれば、思い通りの色に光らせることができるというわけです。

ちなみに、バンドギャップのエネルギーを「Eg」とし、放つ光の波長の長さをミクロンの単位とすると、「1.24÷Eg」という計算で求めることができます。このエネルギーを表すにはeV（エレクトロンボルト）という単位を用います。eVとは素粒子の持つエネルギーを表す際に使われる単位です。

1.3 青色LEDはなぜ作るのが難しかったのか

◆青色LEDの実用化までに30年

いよいよここから、青色LEDの話を始めます。まずはこれまでのLEDの開発の歴史を振り返ってみましょう。

光の三原色で最初に開発されたのは、赤色に光るLEDです。1962年にアメリカのニック・ホロニアック博士のグループが成功しました（実際にはロシアのロセフ博士のグループも成功しています）。その後、1968年には緑色のLEDも開発されました。残る光の三原色は青色のみ。青ができれば三原色が出そろい多彩な色が表現できるようになるので、多くの研究者が青色LEDの研究に乗り出しました。

しかし、その後は開発が思うように進まないまま月日が流れました。世界初のpn接合の青色

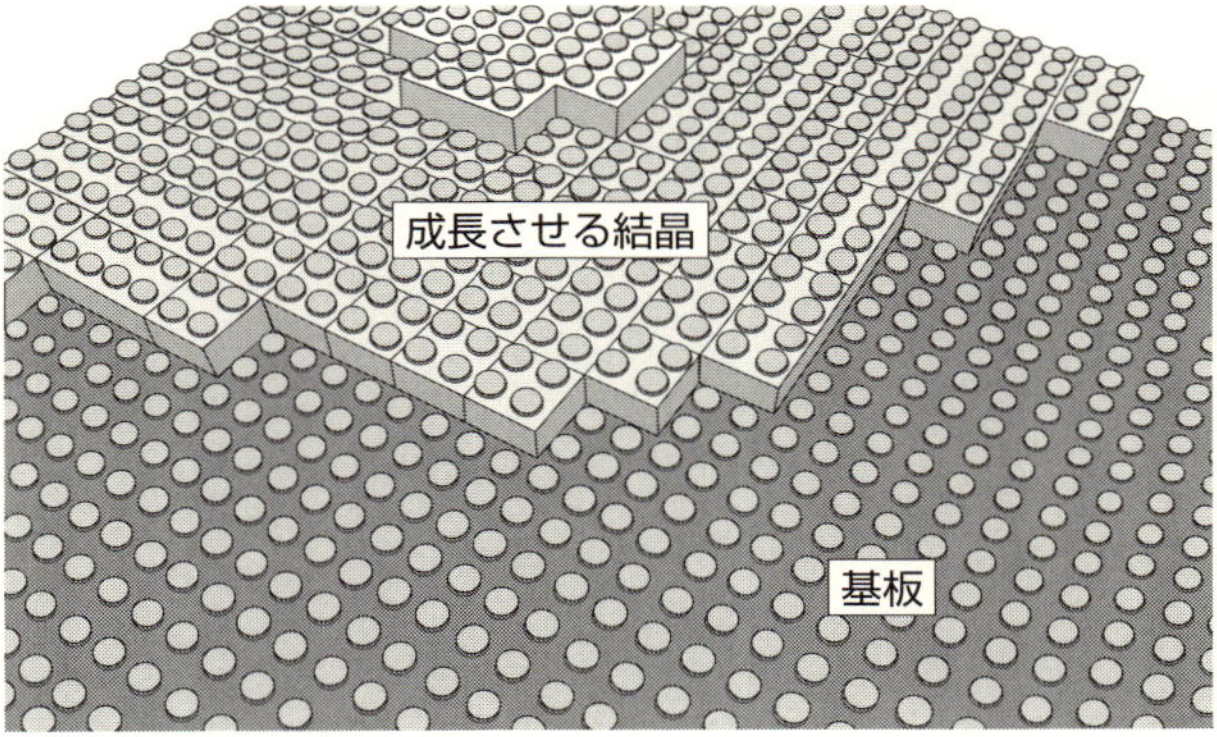

図1.17　基板の上に結晶を成長させていく

ＬＥＤができたのは１９８９年、明るくて実用的なものだと１９９３年。最初の赤色ＬＥＤができてから30年以上も経ってしまいました。

なぜ青色ＬＥＤの開発までに、長い時間が必要だったのでしょうか。なぜ青色ＬＥＤは作るのが難しかったのでしょうか。最大の理由は「きれいな結晶を安定して作るのが難しく、ｐ型半導体が思うようにできなかったから」だと思います。現在普及している青色ＬＥＤの心臓部には、半導体の結晶のｐｎ接合が入っています。このｐ型半導体を作るのが難しかったのです。

そもそも結晶はどのようにして作るのかを、少しお話ししたいと思います。きれいな結晶を作る研究を「結晶成長」と言います。文字通り、結晶を育てるように「成長」させるのです。たとえるならば、おもちゃのレゴブロックのようなもの。凸凹が並んだ薄い板の上に、細かいブロックを1個ずつくっつけます。1層、2層と積み上げていくと、やがては規則正しくブロックが並んだ大きな塊になりますね。実際の結晶成長の実験でも、「基板」と呼ばれる薄い板のような結晶を用意して、その上に成長させたい材料を規則正しく積み上げ、結晶を少しずつ大きくしていきます（図1・17）。

◆最適な「材料」は何か？

それでは、実際の青色LEDの結晶には、どんな材料が使われているのでしょうか。先ほど、LEDの光の色はバンドギャップのエネルギーで調節できると言いました。青く光るためには、少なくとも2・6eVのエネルギーが必要です。つまり、バンドギャップがそれよりわずかに大きい材料を選ぶ必要がありました。当初、そんな青色LEDの結晶の材料として、主に3つの候補がありました。プロローグでも紹介した「窒化ガリウム（GaN）」のほか、「セレン化亜鉛（ZnSe）」「炭化ケイ素（SiC）」です。

1個ずつ順番にそれぞれの半導体の特徴を見ていきたいと思うのですが、その前に、「バンドギャップのエネルギーのすべてが光に使われるとは限らない」という話をしておきましょう。

図1・18を見てください。エネルギーバンドの図で、横軸に電子やホールの運動量、縦軸にエ

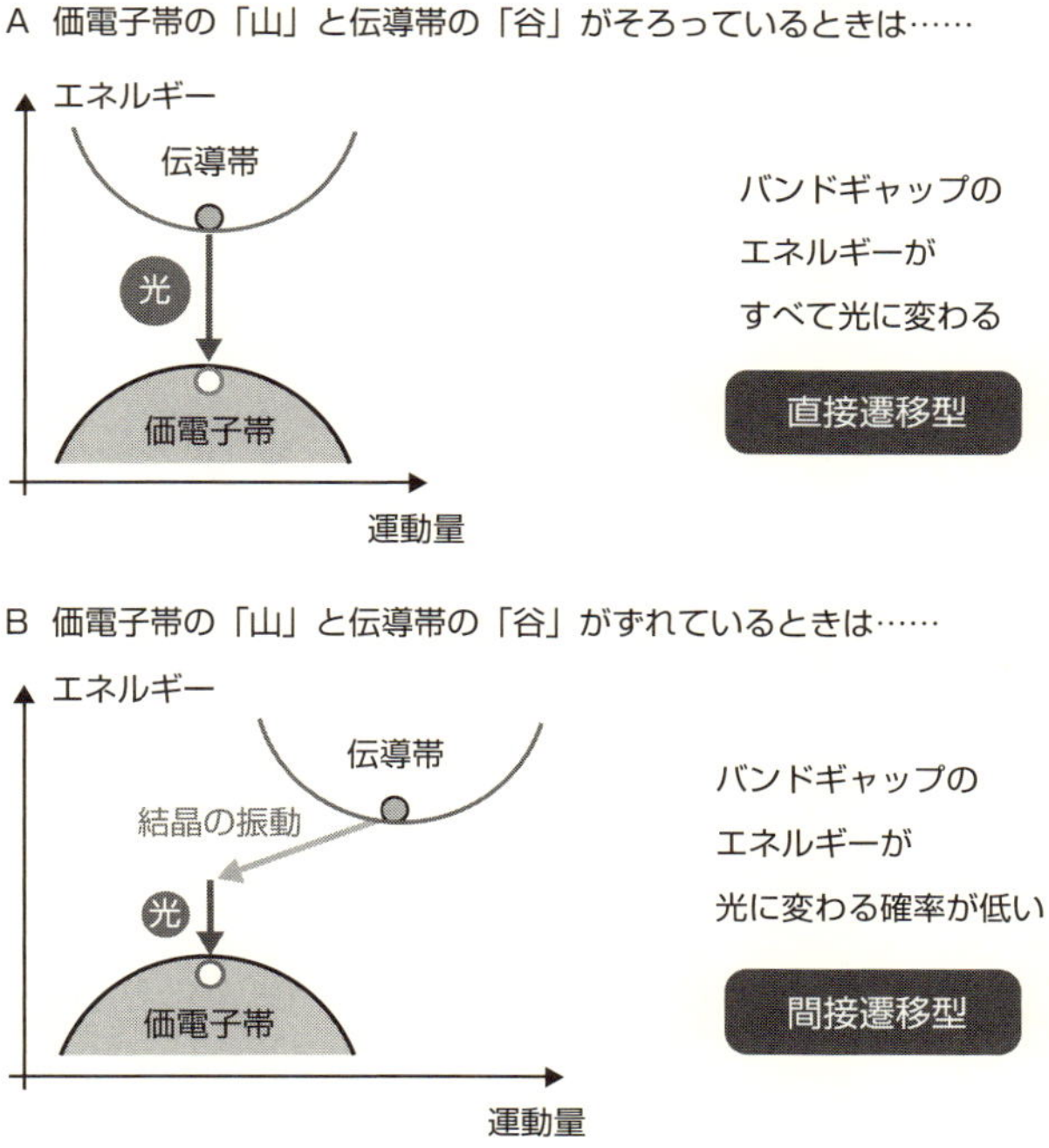
A 価電子帯の「山」と伝導帯の「谷」がそろっているときは……
エネルギー
伝導帯
光
価電子帯
運動量
バンドギャップの
エネルギーが
すべて光に変わる
直接遷移型
B 価電子帯の「山」と伝導帯の「谷」がずれているときは……
エネルギー
伝導帯
結晶の振動
光
価電子帯
運動量
バンドギャップの
エネルギーが
光に変わる確率が低い
間接遷移型

図1.18「直接遷移型」と「間接遷移型」

ネルギーをとると、価電子帯は山のようになり、伝導帯は谷のようになります。先ほど話したように、伝導帯の電子が価電子帯のホールとくっつく（再結合する）と光を放つのですが、電子はエネルギーの差が一番小さい場所にあるホールとくっつこうとします。つまり、伝導帯の一番深い谷にある電子が、価電子帯の山の頂上にあるホールに落ちる確率が大きいのです。

このことから、半導体は大きく2種類に分けることができます。「伝導帯の谷底と価電子帯の山頂がそろっているもの」と、「伝導帯の谷底と価電子帯の山頂がずれているもの」です。

伝導帯の谷と価電子帯の山がそろっている場合は、つまり、くっつく電子とホールの運動量が同じであることを意味します。この場合は、電子がホールに落ちるエネルギーはすべて光に変わります。このような半導体を「直接遷移型」と呼びます。

一方、伝導帯の谷と価電子帯の山がずれている場合は、くっつく電子とホールの運動量が異なります。すると、電子がホールに落ちるエネルギーの一部が結晶の振動に使われてしまうので、放たれる光が少なくなってしまいます。このような半導体を「間接遷移型」と呼んでいます。ＬＥＤに使う半導体の場合、より明るく光るものを使いたいので、間接遷移型より直接遷移型の半導体のほうがよいということになります。

それでは、先ほどの青色ＬＥＤの材料に使う3つの候補の特徴を、順番に見ていきましょう。

まず「炭化ケイ素」は、間接遷移型で明るく光らせることが難しいため、候補から外れました。候補になれなかった理由はもうひとつあります。当時、炭化ケイ素を成長させるための基板を作れるのが、アメリカの「クリー」という結晶基板メーカーだけでした。アメリカの会社に基本的な技術を押さえられているようなものはやりたくないですよね（笑）。自分たちのオリジナルな結晶で青色LEDを実現したいという気持ちが強かったのです。また、炭化ケイ素を成長させるには、1600℃から1800℃という高い温度が必要でした。当時、私たちが使っていた装置の限界は1100℃ほど。新しい装置を買うお金もありませんでした。

残りは「窒化ガリウム」と「セレン化亜鉛」です。この2つの半導体はどちらも直接遷移型なので期待できます。しかも、セレン化亜鉛には、ガリウムヒ素というとても相性の良い基板がすでにあったので、多くの研究者がこの素材に集中していました。一方、窒化ガリウムを研究している人はほとんどいませんでした。

当時の名古屋大学の赤崎研究室では、私が研究していた窒化ガリウムだけでなく、じつはセレン化亜鉛の研究も先輩がやっていました。2つの軸で実験をやっていたのです。それで、先輩がやっていた実験を見ていて分かったのですが、セレン化亜鉛という材料はすごく脆《もろ》かったのです。落とすと簡単に割れてしまうし、引っ掻くだけで光らなくなってしまう。先輩のそのような実験を近くで見ることができたので、セレン化亜鉛は絶対に商品化が難しいと思っていました。

一方、窒化ガリウムはきれいな結晶を作るのは難しいのですが、すごく丈夫でした。この「硬くて安定して丈夫」というのが、窒化ガリウムを青色ＬＥＤの結晶の材料に選んだ最大の理由です。社会の役に立つためには、長い時間使えるほど丈夫でないといけない。工学部では「世の中の役に立ってなんぼだ」という思いが強いのです。

◆最適な「基板」は何か？

さて、窒化ガリウムを材料に使うことが決まったので、次は結晶を成長させるための「基板」について考えましょう。

基板とは、前にも触れたように、結晶成長の元となる薄い板のような結晶のことです。先ほどのレゴブロックの比喩をもう一度思い出してください。レゴブロックは、基板の上に細かいブロックをすんなりと積み上げることができます。当たり前だと思うかもしれませんが、レゴブロックの凸凹の間隔はすべて同じだからです。

これがもし、基板のブロックの凸凹と、上に積み上げるブロックの凸凹の間隔が違ったら、どうなるでしょうか。わずかに違うだけなら、思いっきり押し込めば入るかもしれませんが、無理がありそうですよね。ブロックが壊れてしまうかもしれません。

このブロックの比喩での「凸凹の間隔」は、実際の結晶では「規則正しく並んだ原子の間隔」

に相当し、この長さのことを「格子定数」と呼んでいます。つまり、結晶の材料と基板の材料の格子定数が同じであればきれいに成長できますが、違いが大きいほど無理が生じて歪みが大きくなり、ひび割れなどの欠陥ができてしまうのです。

では、窒化ガリウムを成長させるために一番良い基板は何でしょうか。格子定数が同じであればよいので、結晶の材料と同じ窒化ガリウムの基板が最適です。しかし、当時はまだ、窒化ガリウムの原子がきれいに並んだ「単結晶」と呼ばれる基板が作れませんでした。残念ですが、ほかの材料の基板を探さざるをえなかったのです。

私の恩師である赤﨑勇先生（現・名城大学終身教授、名古屋大学特別教授）が、松下電器（現・パナソニック）の東京研究所で研究をしていたときに、先生の研究チームはいろんな基板を使って実験を重ねました。当時実験をした基板の材料は、シリコン（Si）やガリウムリン（GaP）、ガリウムヒ素（GaAs）、炭化ケイ素（SiC）、そしてサファイア（酸化アルミニウムα-Al_2O_3）でした。

基板を決める大事な要素は、結晶と同じく「丈夫さ」でした。窒化ガリウムを成長させるためには、1000℃まで温度を高くしないといけません。また、窒素原子を供給するための材料としてアンモニアを使うのですが、アンモニアは腐食性ガスの仲間で、とても反応しやすい性質を持っています。つまり、窒化ガリウムを成長させるための基板には、高熱やアンモニアの反応に耐えられる丈夫な材料が必要とされます。

それでは、まずシリコンから見ていきましょう。結論から言うと、シリコンは当時の技術ではまだ基板には採用できませんでした。理由は2つあります。1つ目に、シリコンがガリウムと最初に反応してしまうと共晶という現象が起きて、基板のシリコンが溶けてしまうからです。2つ目に、アンモニアと先に反応してしまうと窒化シリコン（Si_3N_4）が基板の上にできてしまい、窒化ガリウムが成長できなくなってしまうからです。さらに、格子定数があまりに違いすぎました（ただし、現在は薄い窒化アルミニウムの膜を最初に敷いておけば、シリコン基板の上に窒化ガリウムを成長させることができるようになりました）。

次は、ガリウムリンとガリウムヒ素ですが、基板が高熱に耐えられずに分解してしまい、これもだめでした。

最後に残された炭化ケイ素とサファイアが、高熱とアンモニアに耐え抜いてうまくいきました。そして私たちは、サファイアを基板に選びました。理由は、サファイアのほうが安価だったから。安いと言っても、サファイアですから、当時でもそれなりの値段はしました。1インチ（2・54センチメートル）角で数万円ほどだったでしょうか。しかし炭化ケイ素は同じ大きさで数十万円はしたと思います。

私たちはサファイアの基板を4分の1にカットし、さらにそれを4分の1にカットして、つまり16分の1に細かくして使っていました。名古屋大学で研究が始まったばかりのころは、使える研究費が少なかったので、高価な基板は細かくして大切に使っていたのです。それでも実験で新しい基板を使い切ってしまうと、一度使った基板の上に付いた窒化ガリウムを高温で分解して、再利用したこともありました（笑）。

当時は大学の研究費だけではとてもやっていけなかったのですが、大変お世話になった人がいます。松下電器で赤﨑先生と一緒に研究に励んでいた橋本雅文さんです。赤﨑先生が名古屋大学に移ったタイミングで、橋本さんも別の企業に転職しました。その転職先で、いろいろと実験のサポートをしてくれました。橋本さんには、今でも頭が上がりません。

◆最適な「結晶を作る方法」は何か？

これまでの話で、青色ＬＥＤの結晶の材料として「窒化ガリウム」を、結晶を成長させる基板として「サファイア」を使うことに決めました。次は、「どの方法で結晶を成長させるか」を考えてみましょう。

結晶を成長させる方法は、大きく分けて3つあります。気体を原料に使う「気相成長法」、液体を原料に使う「液相成長法」、固体を原料に使う「固相成長法」です。青色ＬＥＤの開発が始

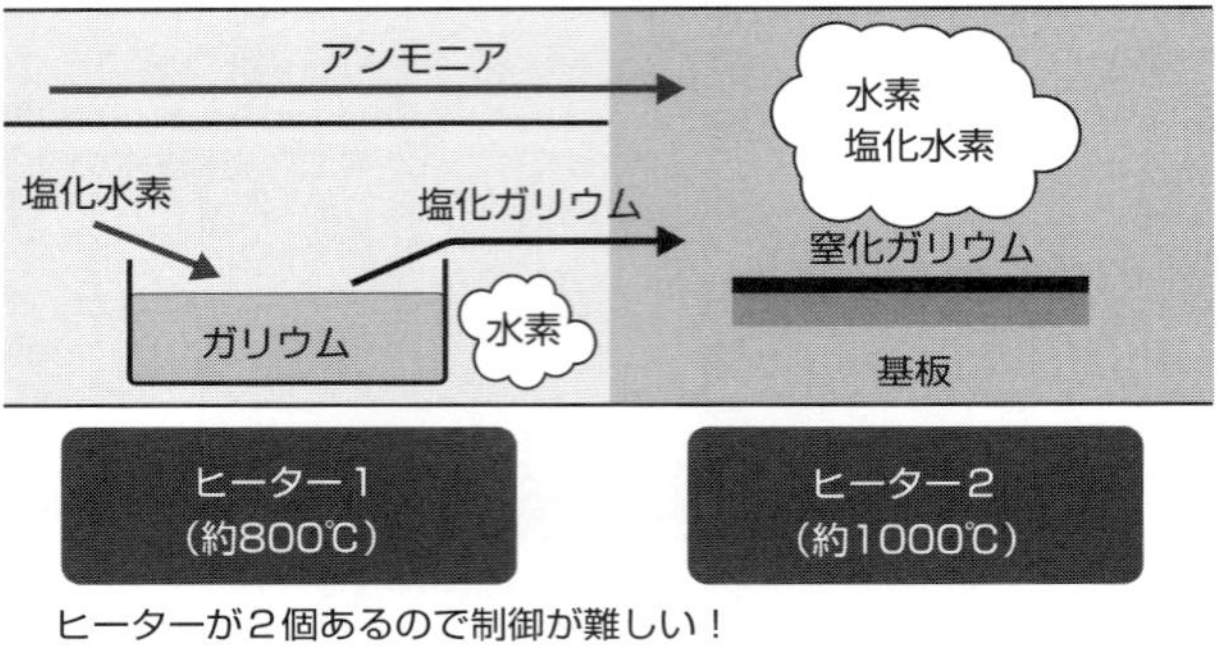

図1.19 ハロゲン気相成長法(HVPE法)の模式図

まった当初は、気相成長法で窒化ガリウムを作ろうとしていました。具体的には「ハロゲン気相成長法(HVPE法)」です。ハロゲンとは、フッ素(F)や塩素(Cl)のような、周期表の17族の元素のこと。HVPE法は、高温のハロゲン化物ガスを金属と反応させてできる金属ハロゲン化物を基板に吹き付けて結晶を成長させる方法です。

窒化ガリウムを作るときには、ガリウム(Ga)と塩化水素(HCl)を反応させてできる塩化ガリウム(GaCl)と、アンモニア(NH_3)を基板に吹き付けます(図1・19)。すると、

$$GaCl + NH_3 \rightarrow GaN + H_2 + HCl$$

という化学反応が起きて、基板に窒化ガリウムが成長していきます。

話を聞くだけだととても簡単そうに思えるかもしれませんが、実際にはとても難しい。図1・19をもう一度見てく

ださい。ガリウムと塩化水素が反応する場所と、基板の近くで結晶を作る場所とで、最適な温度が違います。つまり、ヒーターで加熱する場所の温度を、少なくとも2ヵ所同時に制御しなくてはならなかったのです。そのうえ、窒化ガリウムのp型半導体を作るためには、混ぜる不純物の濃度も、かなり正確に制御する必要がありました。

こうした条件をすべてクリアしてきれいな結晶を作るなどというのは職人技に近い。10回に1回から20回に1回くらいはきれいな結晶ができましたが、ほとんどは穴が空いたり、ひびが入ったりして、使い物にならない結晶ばかりでした。さらに、ＨＶＰＥ法は結晶が成長する速度が非常に速いという特徴があり、成長させる結晶の厚さを制御するのも課題でした。

歴史を振り返ってみると、アメリカの研究者のマルスカ氏とティジェン氏が、ＨＶＰＥ法でサファイア基板の上にある程度きれいな窒化ガリウムの結晶を成長させることに初めて成功したのが１９６９年でした。

１９７１年には、アメリカの研究者のパンコフ氏が、ＨＶＰＥ法で作った窒化ガリウムの結晶を使って、青緑色の発光を確認しました。しかし、この結晶は先ほど話したｐｎ接合ではなく、「ＭＩＳ型」という構造をしています。金属（Metal）と絶縁体（Insulator）と半導体（Semiconductor）の3層構造で、その頭文字をとってＭＩＳ型と呼んでいます。この構造でも光ることは光るのですが、効率が悪く明るさが足りませんでした。明るく光らせるためには、やはりｐｎ接合が必要だったのです。しかし、ｐ型半導体を作ることが難しかったので、やむなくＭＩＳ型にたどり着いたのです。

このように、きれいな結晶を安定して作ることが難しく、なかなかｐ型半導体を作れませんでした。また、当時の結晶は不純物を混ぜなくてもなぜかｎ型半導体になってしまって、ｎ型半導体を作る制御もできませんでした。一筋縄ではいかないような困難さがいくつも重なって、青色ＬＥＤの開発までに長い時間がかかったのだと思います。

第2章

青色LEDへの挑戦

——高品質結晶を作れ！

防塵服を着て結晶成長の実験に励む学生時代の著者（天野）
（写真提供・名古屋大学）

ここからはいよいよ、私が名古屋大学で学生時代にやっていた実験を振り返り、青色LEDができるまでの話をしたいと思います。第1章でお話ししたように、青色LEDを実用化させるまでに時間がかかった主な理由は、「きれいな結晶を安定して作ることが難しく、電気的な性質を制御できなかったから」です。そこで、まずはきれいな結晶を安定して作ることに挑みました。最初に始めたことは、世界にひとつしかない実験装置を作ること。次に、そのオリジナルの装置を駆使して、窒化ガリウムの高品質な結晶を作ることに取り組みました。私が赤﨑研究室の門を叩いたばかりの学部研究生のころから、修士課程（博士課程前期課程）2年生のころにかけてのお話です。

2.1 世界にひとつしかない実験装置

◆使えるお金は300万円 節約づくしの装置作り

図2.1　有機金属気相成長法（MOVPE法）で使われた装置

（写真提供・名古屋大学赤﨑記念研究館）

窒化ガリウムの結晶を作る方法として、第１章ではＨＶＰＥ法を紹介しました。しかし、ＨＶＰＥ法はヒーターで加熱して温度を制御する場所が複数あるので、安定してきれいな結晶を作るのが難しかったことはすでにお話ししたとおりです。

そこで赤﨑先生は、別の方法にチャレンジしようと考えました。「有機金属気相成長法（ＭＯＶＰＥ法）」です。有機金属とは、金属にメチル基（$-CH_3$）がくっついた化合物のこと。メチル基とは、炭素原子に３個の水素原子がくっついたものです。ＭＯＶＰＥ法は、その有機金属のガスを基板に吹き付けて結晶を成長させる方法です。図２・１が実際に使っていたＭＯＶＰＥ装置です。

窒化ガリウムを成長させる場合は、ガリウム原子（Ga）を供給するためにトリメチルガリウム（TMGa）を、窒素原子（Ｎ）を供給するためにアンモニア

(NH_3)を使います。これらの材料を、水素や窒素と一緒に基板に吹き付けるわけです。水素や窒素は、原料を基板に届ける役目を担っており、キャリアガスと呼んでいます。

ＨＶＰＥ法では、まず固体のガリウムと塩化水素を反応させて、発生した塩化ガリウムのガスを基板に吹き付けていました。つまり、結晶を作る反応とは別に、原料のガスを作るための反応も制御しなくてはいけませんでした。

しかし、ＭＯＶＰＥ法は原料のガスを作るための反応が必要なく、加熱して温度を制御する場所が1ヵ所だけなので、ＨＶＰＥ法よりも結晶成長を制御しやすいという特徴があります。さらに、原料のガスを流す速さを変えるだけで原料の供給量が制御できるのも、大きな魅力でした。

名古屋大学で最初にＭＯＶＰＥ装置を作ったのは、私の2年先輩の方です。最初は、その装置を使って実験をしていました。その後、私が修士課程2年のときに博士課程の学生として赤﨑研究室に入ってきた小出康夫さん（現在、物質・材料研究機構）が、新しい装置を設計し、私と別の後輩の3人で組み立てました。経験豊富な小出さんは、1ヵ月ほどで重要な設計部分を書き上げたと思います。

最初に作った1号機は、図2・2のような構造をしていました。サファイア基板を置くための試料台、原料を基板に吹き付ける管、それらの反応部を覆う反応管、コイルに電流を流して基板近くの温度を制御する誘導コイルと発振器、反応管の中を真空にするロータリーポンプ、原料と

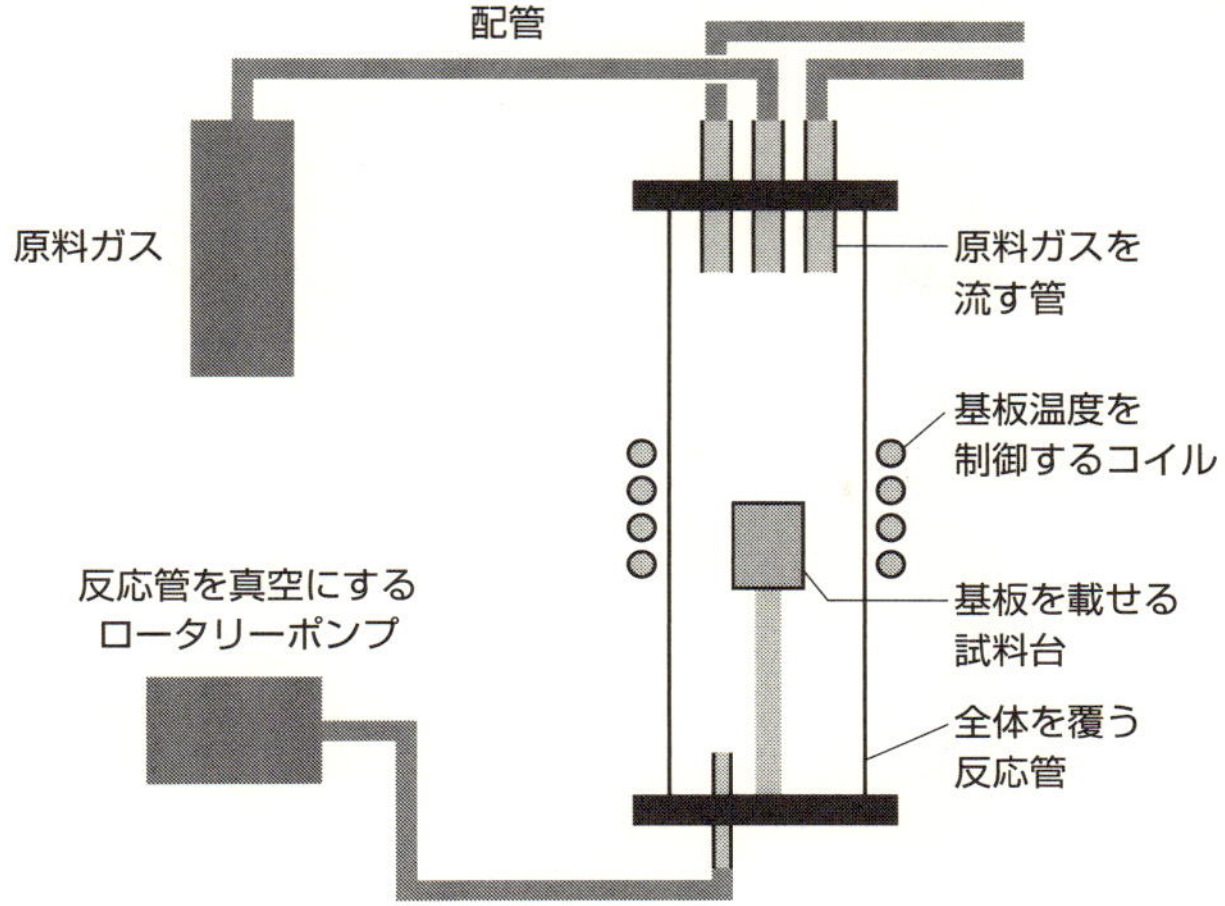

図2.2 自分たちで組み立てたMOVPE装置1号機の模式図

反応管を結ぶ配管、原料の流れる量を調節する流量計などでできています。この設計指針に基づいて組み立てるわけですが、使える予算は研究室全体で年間３００万円ほどしかなかったので、お金を切り詰めながら作りました。

まずは重要な役割を担っている温度を制御するための誘導コイルですが、自分たちで巻きました。コイルの外径が62ミリメートルほどなのですが、偶然にもビール瓶の太さとぴったりなんです。ガスバーナーで熱した銅のパイプを、ビール瓶や薬品を入れる瓶に巻きつけて作りました。けっこうきれいに巻けました（笑）。

コイルに高周波の電流を流すための発振器は、赤崎研究室ができる前にいらっしゃった西永頌先生たちが使っていたものを利用させていただきました。反応管の中を真空にするロータリーポンプは、最新の良いものではなく、ベルト式の古いものでした。ベルトが切れてそれすらも使えなくなってしまったときは、隣の材料系の研究室にお願いしてポンプを1台もらったこともありました。原料と反応管を結ぶ配管も自分たちでつなぎました。この配管作業はお手のものでした。設計の図面ができてから、だいたい3ヵ月ほどで1号機を完成させました。

◆自作の装置で実験を開始「ファー」っと原料が舞い上がってしまう！

それでは、MOVPE装置を使って実験を始めたときの話に入りましょう。結晶が成長する大切な部分である反応管の中に注目をしてみたいと思います。

一番最初に作った装置の反応管の中は、図2・3のようになっていました。原料が供給される管が3本ありますが、真ん中からトリメチルガリウムを入れて、両側からアンモニアと水素を入れていました。トリメチルガリウムとアンモニアは、それぞれガリウムと窒素を供給する原料で、水素はその原料を運ぶためのガスです。また、基板を置く試料台は平坦でした。最初はこの装置で実験を始めたのですが、なかなかうまくいきませんでした。結晶が基板にうまくくっつかない。

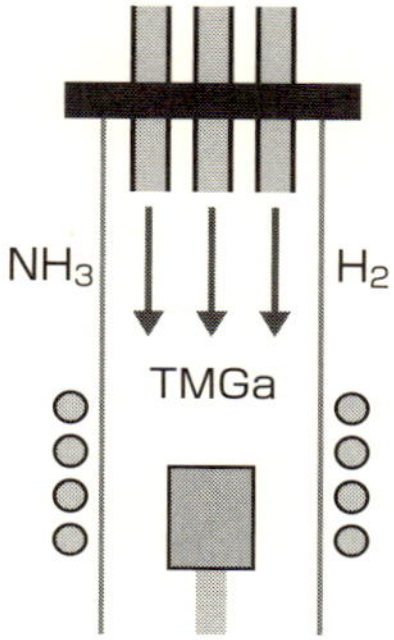

図2.3　1号機の反応管

そこで、原因を探るためにある実験をしてみました。実験の原理は、皆さんもご存じの発煙筒です。発煙筒は、四塩化チタンという物質を水と反応させて白い煙を発生させます。これと同じことを反応管の中で起こして白煙を発生させ、原料ガスがどんなふうに流れているのかを見たわけです。

すると、管から出てきた原料ガスが、基板にたどり着く前に「ファー」っと舞い上がり、基板に全然届いていないことが分かりました。舞い上がった原料ガスは、図２・４のようにグルグル回ってしまいます。なぜこのようになるのでしょうか。原因は、サファイア基板の温度が１０００℃でとても高いことでした。熱でガスが舞い上がり、対流が生まれていたのです。

そこで、何とかしなきゃということで、名古屋大学出身で当時、東北大学にいらっしゃった坪内和夫先生（現在、東北大学電氣通信研究所）にアドバイスをもらいに

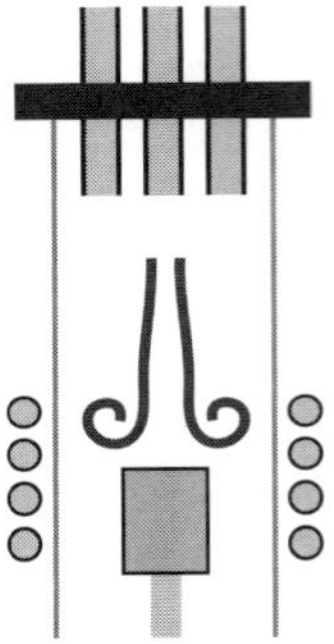
原料ガスが熱対流で
「ファー」っと
舞い上がってしまう

図2.4 原料ガスが舞い上がっているようす

行きました。坪内先生はそのころ、MOVPE法で窒化アルミニウム（AlN）の結晶を成長させる研究に取り組んでいました。目的の物質は違いますが、問題解決のヒントになればと考えたのです。

実際に装置を見せていただくと、私たちの実験装置と違っていたのは、非常に低い圧力の中で実験をしていたことでした。さらに、原料ガスを大量に流していました。原料ガスの流速が、ものすごくハイスピードだったのです。私たちの装置の原料ガスの流速は毎秒5センチメートルほどでしたが、坪内先生の装置はその10倍ほど速いスピードで原料ガスを供給していました。

「原料ガスは超高速で流さなきゃいけない！」、私はそう確信しました。そこで名古屋大学に戻って装置を改良しようとしたのですが、坪内先生と同じことはできませんでした。装置の中の圧力を抜き、真空状態にすることを「真空に引く」と言いますが、その真空に引くためのロータリーポンプがとても古いものだったので、同じように圧力を下げることができなかったのです。さらに、ガスを大量に流すために必要な水素ガスは、ボンベからそのまま流すわけではなく、ピュアリファイアと呼ばれる純化器を通す必要があったのですが、われわれの装置の流量は1分あたりたった2リットル。とても坪内先生のように大量に水素ガスを流すことはできませんでした。

◆原料の吹き出し口を改良ガスの流速を100倍に！

誕生日のケーキに並んだロウソクの炎を息で吹き消すときを思い出してみてください。口はどんな形をしていますか。大きく広げて「ハァ〜〜！」でしょうか。それとも、小さくすぼめて「フゥ〜〜！」でしょうか。おそらく、口を小さくすぼめて消す人のほうが多いと思います。そのほうが、肺活量が同じでも勢いよく吹けますからね。私も同じようなことを考えて、装置を改良しました。原料ガスを流す量を変えられないのなら、原料を流し込む管を細くして、1点に集中すればいいのです。

そこで装置を図2・5のように改良しました。主な改良点は、原料を流す管の本数と、原料ガスの吹き出す出口の高さ、基板を置く試料台の形の3点です。1つ目の改良点は、「原料を流す

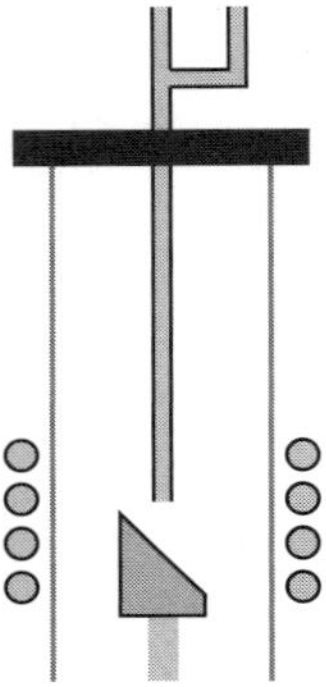

1 原料ガスを流す管を細くして1本にまとめて集中させた
2 原料ガスの出口を基板に近づけた
3 基板を置く試料台の形を斜めにした

図2.5 改良した1号機の反応管

管を1本にまとめて集中させたこと」です。これまでの装置は、3種類のガスをそれぞれ別の管に分けて反応管に流していましたが、その管を細い1本の管に集中させたのです。それで原料ガスの流速が、毎秒5センチメートルから、毎秒500センチメートルほどまで2桁上がりました。

2つ目の改良点は、「原料ガスが吹き出る出口の高さを基板に近づけたこと」です。ギリギリまで基板に近づけた場合と、5ミリメートル離したとき、10ミリメートル離したときなどと、高さを変えながら実験をしました。近ければ近いほど勢いよく原料が届くと思うかもしれませんが、近すぎてもだめなんです。

ガリウムを供給する原料のトリメチルガリウムは、その名前の通り、メチル基（$-CH_3$）がガリウムに3個くっついたものです（図2・6）。このトリメチルガリウムが1000℃に熱せられた基板に近づくと、

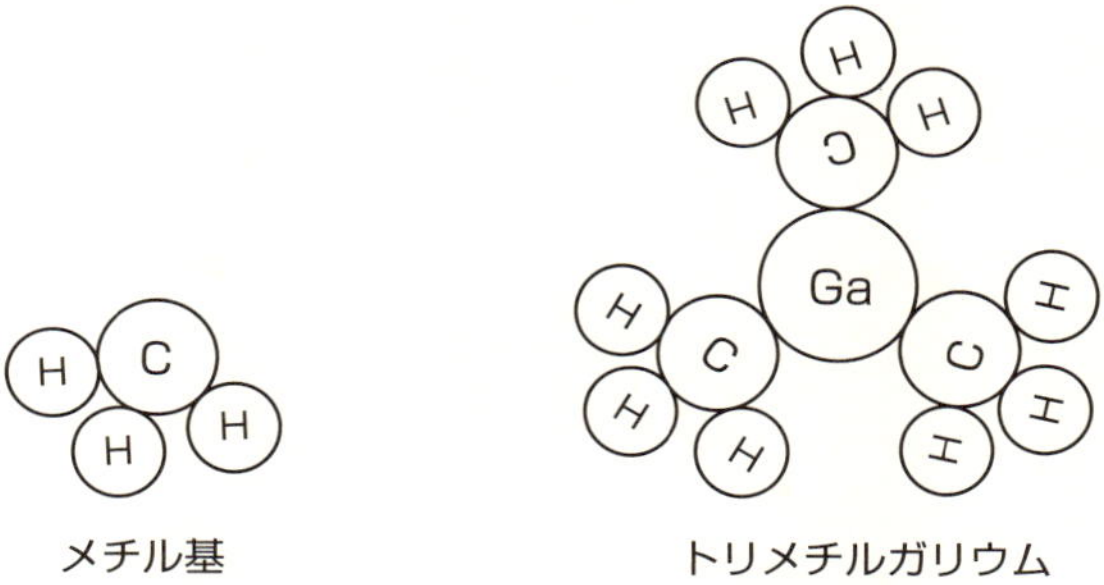

図2.6 原料のトリメチルガリウムとメチル基の構造

反応してメチル基が離れてガリウム原子になり、基板にくっついて窒化ガリウムの結晶になります。しかし、原料ガスが吹き出る出口が基板に近すぎると、ガリウム原子だけでなくメチル基も一緒に結晶の中に取り込まれてしまい、黒い結晶になってしまうのです。逆に出口を基板から離しすぎると、先ほど話したように対流で舞い上がってしまいます。試行錯誤のすえ、高さは5ミリメートルがよさそうだということになりました。

３つ目の改良点は、「基板を置く試料台の形を斜めにしたこと」です。これまでは台を平坦にしていたので、ガスがきれいに流れずに対流で舞い上がってしまいました。そこで、ガスをきれいに流すために試料台を斜めにカットしました。ダイヤモンドカッターという機械を使って自分たちで削りました。ちびちび削って角度を少しずつ変えながら、いろいろ試しました。

原料ガスの流れ方だけを考えると、角度が急なほどガスが

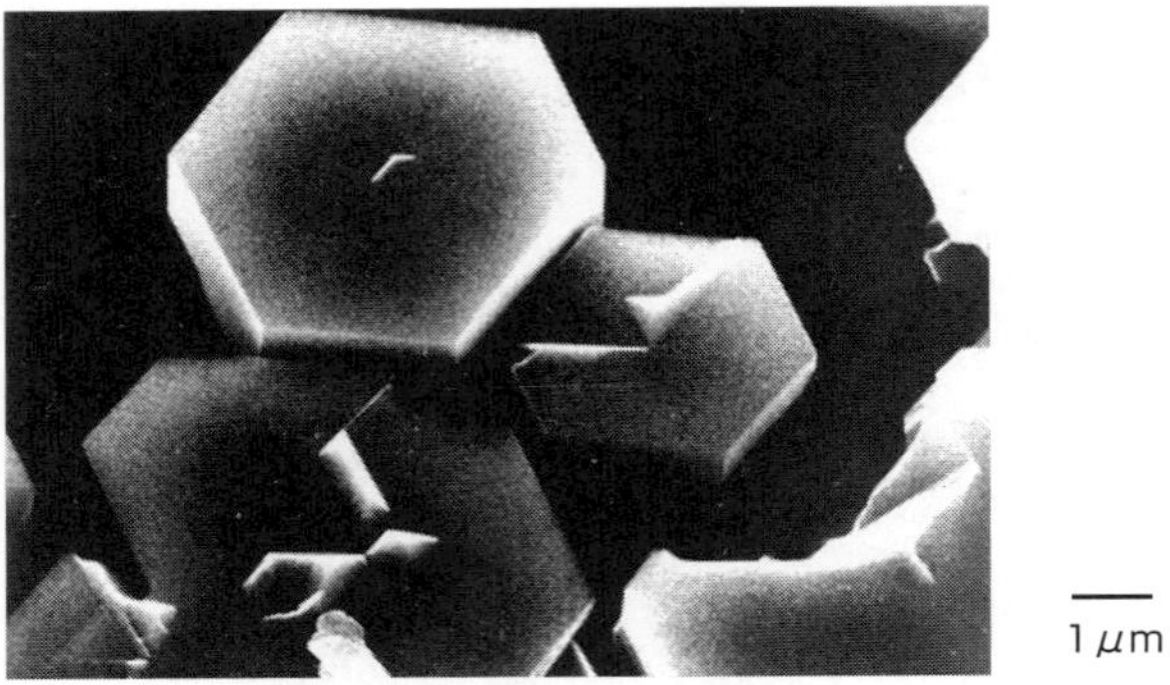

図2.7　走査型電子顕微鏡で見た結晶の表面
（写真提供・名古屋大学赤﨑記念研究館）

きれいに流れるのですが、実際はそう簡単にはいきません。実験をするときは反応管の中を真空に引いて、きれいにしてから原料ガスを流します。基板を載せた台の角度が急すぎると、キャリアガスが「ポンッ！」と勢いよく入ったときに、高価なサファイアの基板も「ポンッ！」と一緒に飛んでいってしまいます。サファイア基板は接着されているわけではなく、台の上にちょこんと載っているだけなので、簡単に飛んでいってしまうのですね。本当は角度が急なほうがガスがきれいに流れてよいのですが、基板が飛ばないギリギリのちょうど良い角度を、実験を繰り返して探っていかねばなりませんでした。そのためだけに数十回は実験したと思います。

そのような改良を重ねた結果、これまで対流が起きて舞い上がっていた原料ガスが、ようやく基板に届くようになりました。最初は基板の上に、まばらな島のような結晶がポツポツとしか付きませんでしたが、実験を重ねるうちに、島と島がつながるくらいには付くようになりました（図2・7）。ただ、このときはまだ表面はガタガタの状態でした。

◆ガス漏れが頻発！　復旧に1日かかることも

そんなこんなで、自作の装置を使って実験を始めたわけですが、実験を始める前にもいろいろと大変なことがありました。一番苦労したのは、装置の中を真空に引けずにガスが漏れてしまう「リーク」でした。リークしていたら結晶なんてとてもできない。手作りの装置だったので、1週間に1回ほどのペースでリークは起きていました。漏れている場所を探し出すだけで、1日かかってしまったことが何度もありました。

リークがあると「ガイスラー管」というものを使って、装置のどこから漏れているかをチェックしなければいけません。ガイスラー管を真空に引いて高い電圧をかけると、図2・8のように放電して光の筋ができます。空気が入っていると薄い紫色に光りますが、アルコールが入ると白っぽくなります。その色の違いを利用します。漏れていそうな場所にアルコールをかけてみる。もしその場所から漏れていたら、ガイスラー管の中にアルコールが入って放電が白くなるというわけです。装置の外側でリークが起きていたら、この方法を使えば見つけるのは簡単でした。し

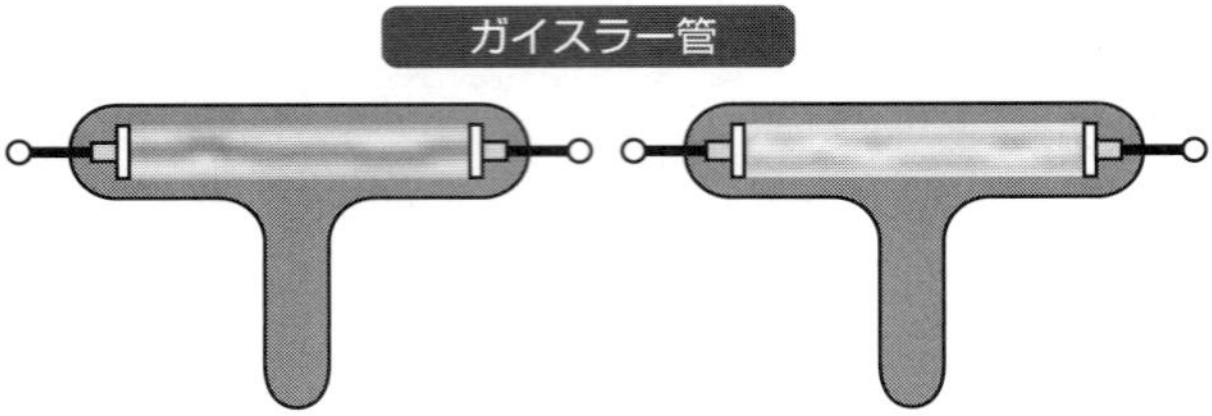
ガイスラー管
空気が入っていると
薄い紫色に光る
アルコールが入っていると
白っぽく光る

図2.8 放電して光の筋が見える「ガイスラー管」
リークが起きている場所にアルコールを塗ると、ガイスラー管の中にアルコールの気体が入り白っぽく光る

かし、そうではないときもありました。

基板の近くの温度を測るために、「熱電対《ねつでんつい》」というものを使っていました。熱電対とは、2種類の金属でできた導線をつなげた回路のことで、金属の2つの接点の温度に差があるときに生じる電圧を測定することで、温度を割り出すものです（図2・9）。私たちはその熱電対に、白金と白金ロジウムという2種類の金属を使っていたのですが、これが石英を分解してしまう触媒だったのです。そのため、この熱電対を使っているうちに、石英でできた反応管に穴が空いてしまうことが分かりました。しかも、熱電対の近くの石英管から漏れている場合は、場所が反応管の中なのでアルコールをかけられません。

そこで、熱電対が怪しいなと思っても、まずは外側を全部調べてみるという方法を取ります。それで見つからなければ、熱電対の場所しかない、となるわけです。消

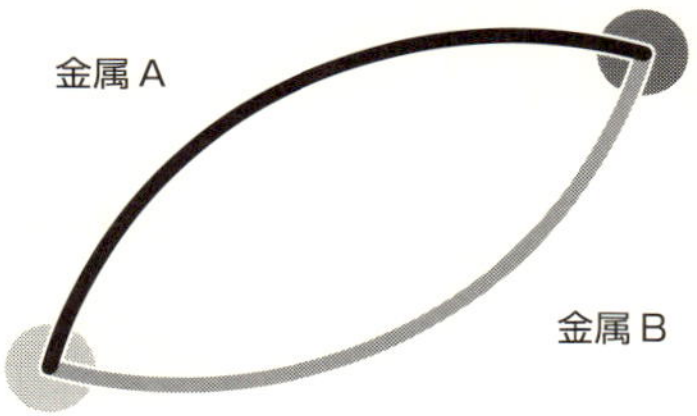

図2.9　熱電対の仕組み
2種類の金属の接点に温度差があるときに生まれる電圧の差を測り、温度を測定する

去法で真犯人を割り出すのと同じですね。ところがそうなると、反応管を丸ごと新しいものに交換するしかありません。そんなときはまた、先ほど登場した橋本さんにサポートしてもらいました（笑）。

◆パキッ！　反応管が割れちゃうポンッ！　基板が飛んじゃう

実験で大変だったことはまだまだあります。

たとえば、結晶を成長させる心臓部を覆っている反応管。何回も実験を繰り返していると、石英でできた反応管の内側の表面に結晶が積もってしまいます。石英の表面に食い込んで付くので簡単には取れません。フッ酸を使って石英そのものを溶かして除去することになります。だいたい5回実験をするごとに洗っていました。すると、反応管がだんだん薄くやせ細ってきて、油断するとすぐに「パキッ！」と割れてしまう。そうなると実験ができなくなって

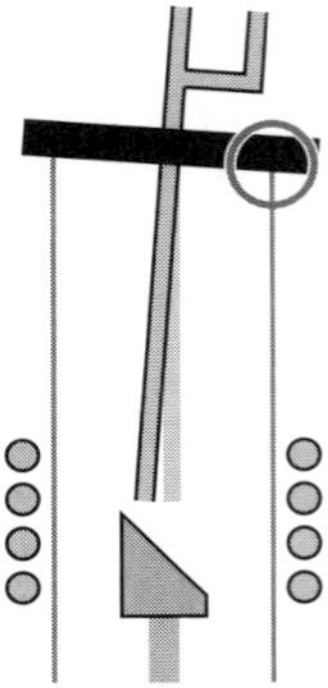

図2.10　反応管が削れると管の向きが変わる

しまいます。そんなときにも、例の橋本さんに助けていただきました。反応管は完全に消耗品でした。本当によく割りました。助けてもらった橋本さんには頭が上がりません。

反応管が少しずつ削れていくと、他にも悪影響があります。反応管の上が削れて平らでなくなると、その上に設置する原料ガスを流す管の向きが微妙にずれてしまうのです（図2・10）。原料が吹き出す出口の場所が少しでも変わってしまうと、ガスが全部基板から逸れてしまうので、とても苦労しました。

また、原料を流し始めるのにとても気を使いました。先ほど話しましたが、装置の中を真空にした後に勢いよくキャリアガスを流すと、基板が飛んでしまうからです。ガスを流す量は「流量計」というものを使って調節していました。つまみを回す微妙なさじ加減でガスの流量を調節するものです。実験中に基板の近くに顔を近づけて、飛ばないでと祈るような気持ちでゆっくりゆっくりつまみを回したものです。

実験を始めたばかりで慣れないころは、基板の台の角度をどれだけ浅くしても、載せた基板が飛んでしまいました。そうなると、準備してきたことが全部パーになります。装置を全部バラバラにして基板を取り出し、超音波で洗浄し、洗った基板を再度試料台にセットして真空に引き直す、という作業をいちから繰り返さねばなりません。しかも、リークがなければ準備は1時間ほどで済みますが、リークが見つかると、漏れている場所を探さなければならないので、結局一日がかりになることもしばしばでした。

◆ラジオにアマチュア無線……子どものころから機械いじりにやみつき

装置を組み立てるというのは、意外に面倒なことが多いものです。そうした作業に取り組めたのは、中学生のころの経験が生きているのかもしれません。スーパーヘテロダイン方式という仕組みの受信機を持つラジオを組み立てていました。真空管を5つ使うもので、5球スーパーヘテロダインというやつです。間違って電圧をかけたまま半田ごてを使ってしまい、感電して「バン！」と電気ショックを浴びたことがありました。自宅で一人でやっていたので、家族には感電したことは喋りませんでしたけれども（笑）。

さらに、中学に入ってすぐにアマチュア無線を始めました。当時のナショナル（現・パナソニック）の機械を買ってもらって、交信していました。近所でアマチュア無線をやっている人がけっこういたので、友だちも増えました。今はおじさんばかりで子どもがやっているのは見かけなくなりましたが、当時は流行っていたんですね。小学生のころは扇風機を分解したこともあります。どんな仕組みなんだろうって気になっちゃって。ちゃんと組み立てて元に戻したから怒られませんでした。

2.2 鍵を握る「きれいな結晶」作り

◆結晶はどのように成長するのか 結晶の赤ちゃんが生まれるには

前節では、窒化ガリウムの結晶を作るためのMOVPE装置の1号機を、改良を重ねながら作った話をしました。最初は原料ガスが対流で舞い上がってしまい、まばらな島のような結晶がポツポツとできるだけでした。その後、原料ガスを速く流すことで窒素とガリウムの原料が基板に届き、結晶の島どうしがつながるようになりました。しかし、作った結晶の表面はガタガタ。原料がきれいに並んだ高品質の結晶を作るには、どうしたらよいのでしょうか。まずは、「基板の上で結晶がどのように成長しているのか」を詳しく見てみましょう。

結晶を作る原子1個を、立方体のブロックのようなものに置き換えて考えてみます。基板はブロックが規則正しく並んだ、だだっ広い平らな板のようなものです。基板の上には、原料の原子が飛び交っています。すると、飛び交っていた原子1個が基板の表面にたどり着きます。基板は温められているので、その原子は熱エネルギーを受け取って基板の表面を動き回ります。一定時間が経つと、原子は基板を離れて飛び去ってしまいます。

このように、基板の表面では、原料の原子が「くっつく」「動き回る」「離れる」という一連の動きが繰り返されています（図2・11）。このとき、基板の表面を動き回っている原子どうしが偶然、隣り合ってくっつく場合があります。この2つの原子は、しばらくの間くっついたままこの場所で安定していますが、一定時間が経つと、熱エネルギーにより再び離れて動き回り飛び去ってしまいます。しかし、2つの原子が安定している間にまた別の原子がくっつき、さらに別の原子がくっついて塊がある程度大きくなると、原料の原子が安定して基板の原子と結合できるよ

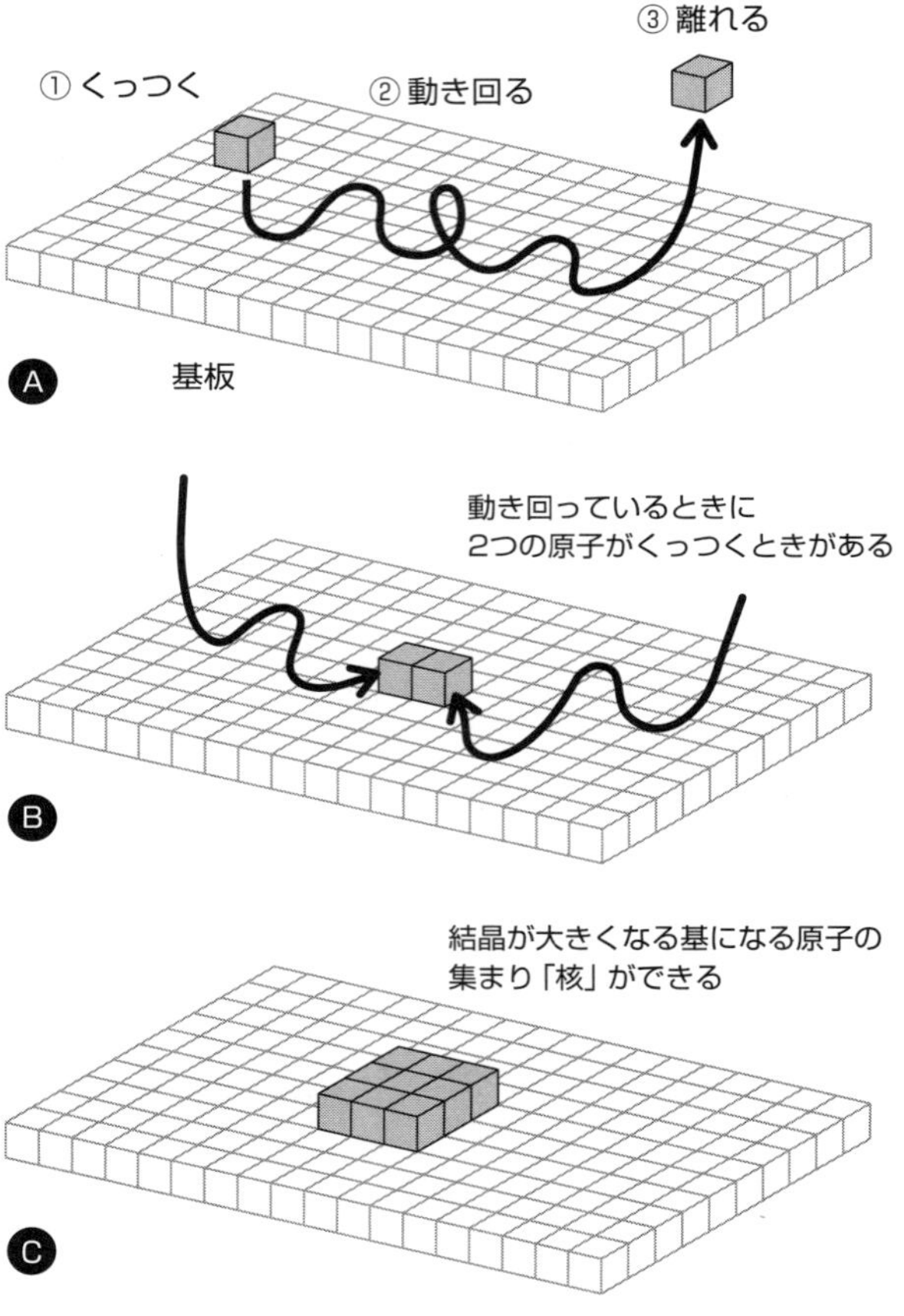
③ 離れる
① くっつく
② 動き回る
A
基板
動き回っているときに
2つの原子がくっつくときがある
B
結晶が大きくなる基になる原子の
集まり「核」ができる
C

図2.11　結晶は基板の上でどのように成長するのか

うになります。結晶が大きく成長するための基になるような、こうした原子の集まりを「核」と言います。結晶の赤ちゃんのようなものですね。

◆結晶は「棚田」のように成長する

次に、結晶の核が大きく成長する様子を見てみましょう。基板の上に結晶がきれいについていくと、じつは田舎のとある風景に似たような形になるんです。山の斜面に水田を作った「棚田」を見たことはあるでしょうか（図2・12）。稲を植えた平らな水田があり、端にはそれほど高くはない段差があります。その下にも平らな水田が続いています。写真が好きな人にとっては、思わずレンズを向けたくなる風景ですね。

結晶が成長するときも、同じように図2・13のような形になることがあります。同じ層の原子が並んだ平らな場所があり、しばらく進むと原子がもう1層重なった段差があり、その上にも平らな場所が広がっています。この段差のことを「ステップ」と呼び、平らな場所のことを「テラス」と呼んでいます。さらに、ステップに原子がくっついたときにできる角の場所を「キンク」と言います。

ところで、読者の皆さんはガラガラに空いているレストランに入ったときに、どの席に座りた

図2.12 棚田の風景

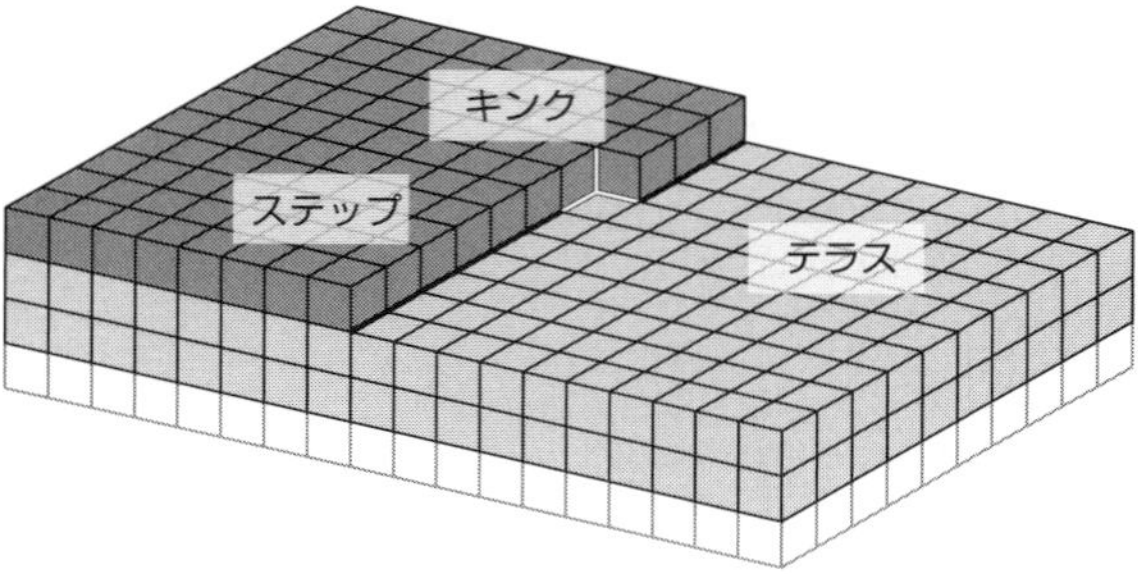

図2.13 結晶の表面は棚田みたいになっている

いでしょうか。３択です。①部屋の奥にある隅の席、②壁際の席、③部屋の真ん中の席。なんとなく壁に囲まれた狭い場所のほうが落ち着くという人が多いのではないでしょうか。

じつは結晶成長でも同じように、原子のくっつく場所は１ヵ所よりも２ヵ所、２ヵ所よりも３ヵ所のほうが、より安定して結合できます。つまり、先ほどのブロックの例で言うと、ブロックの面がより多く接している場所のほうが安定してくっつきやすいということです。もう一度、図２・13を見てみてください。テラスにくっついた原子は１面しか接していません。しかし、ステップは２面、キンクだと３面接しています。したがって、基本的に原子はテラスよりもステップ、さらにステップよりもキンクにくっつきやすいのです。

それでは、この階段のような形をした結晶の表面で、どのように原料の原子が動いているのかを見てみましょう。まずは、ステップから離れたテラスに原子がくっついた場合を考えます。この場合は先ほどの基板の表面と同じように、熱エネルギーを受け取って動き回りますが、ある程度の時間が経つと飛び去ってしまいます（図２・14A）。

次に、ステップの近くのテラスにくっついた場合を考えます。この場合は、原子が動き回るときにステップの段差のところにたどり着きます（図２・14B）。しばらくはステップで安定していますが、一定時間がたつと、再び離れて動き出して飛び去ってしまいます。しかし、別の原子がキンクに次々と結合していくと、安定してステップに原子が取り込まれていきます。これを繰

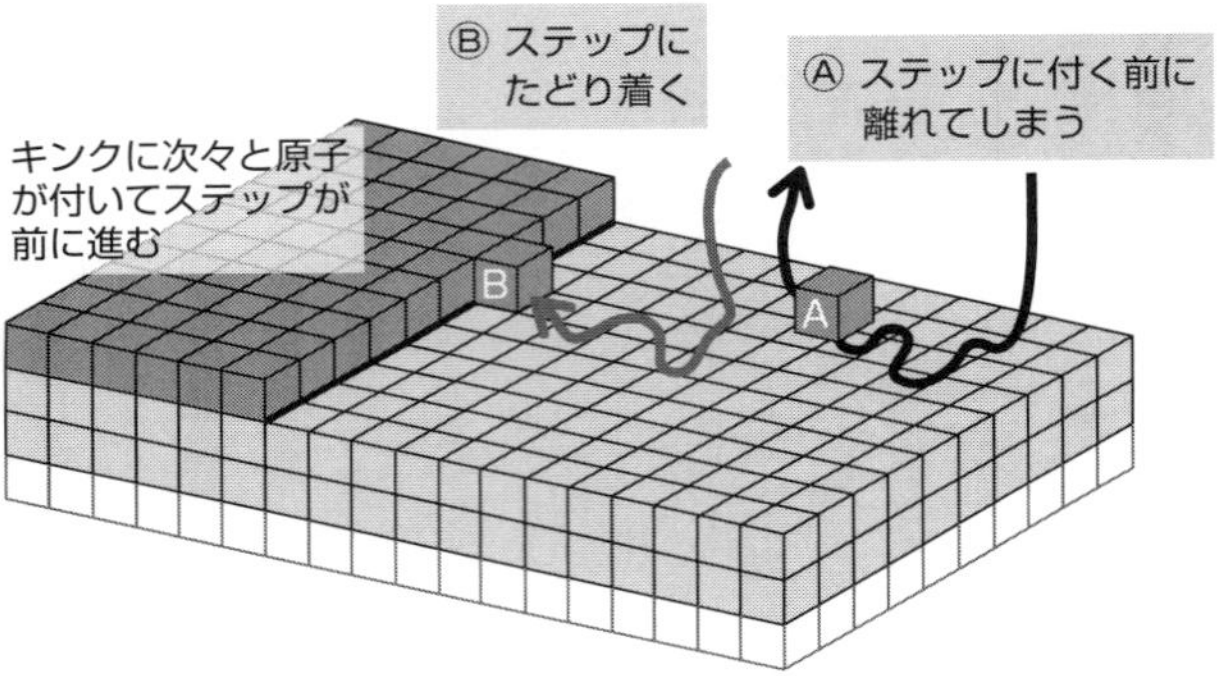

図2.14　結晶は基板の上でどのように成長するか

り返すと、ステップの段差が少しずつ前に進み、原子が1層ずつきれいに積み重なって高品質の結晶ができあがっていくのです。

◆島のように見えたのは結晶の「核」

それでは次に、実際のMOVPE装置の中にある基板の上で、どのように窒化ガリウムの結晶ができているのかを見てみましょう。

図2・15は、反応管の中にあるサファイア基板の表面を拡大したものです。もう一度原料をおさらいすると、ガリウム原子の原料としてメチル基（$-CH_3$）が3個くっついたトリメチルガリウム（TMGa）、窒素原子の原料としてアンモニア（NH_3）を使っています。原料ガスが基板に近づくと化学反応を起こして分解し、ガリウムと窒素の原子が基板にくっつきます。化学反応の分解に

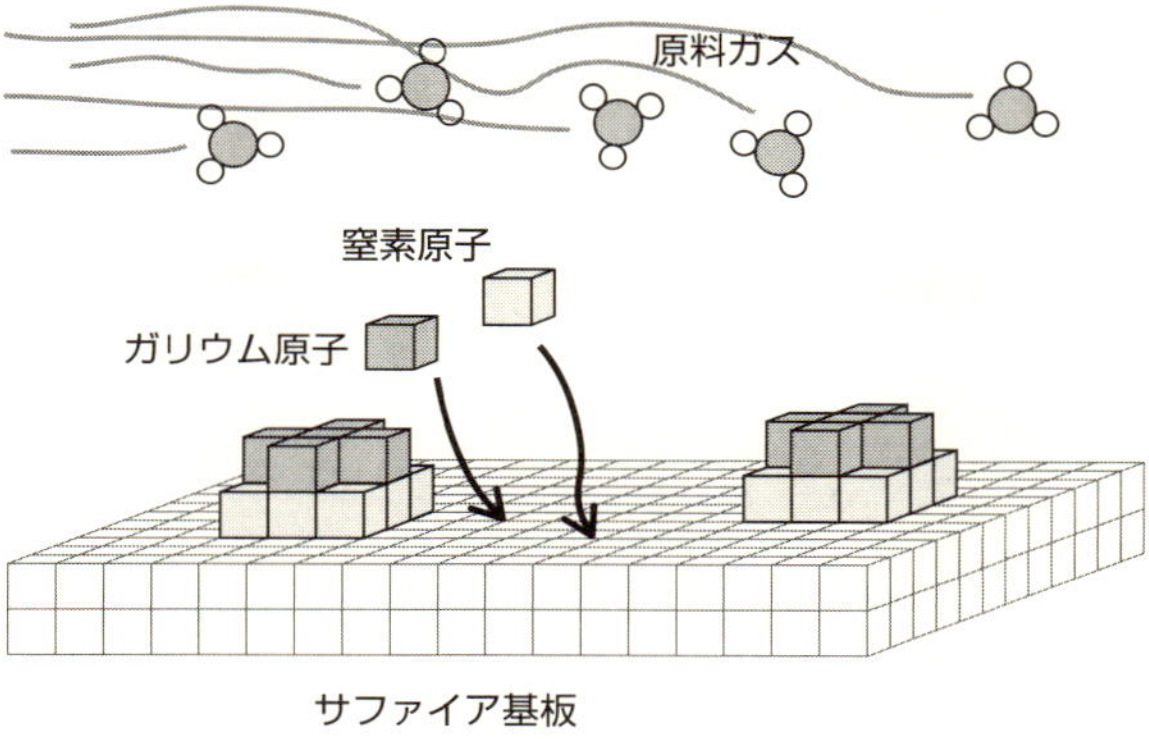

図2.15 サファイア基板の表面では何が起こっているか

よって生まれた不要な原子は排出されます。

基板にくっついた原料の原子は、先ほど話したように「くっつく」「動き回る」「離れる」を繰り返すうちに、結晶の核ができて少しずつ大きく成長していきます。前節で、最初は対流で原料ガスが基板に届かずに「まばらな島のような結晶がポツポツとついただけだった」と話しましたが、この島のような結晶というのが「核」のことです。

その後、原料ガスの流速を上げて原料が基板に届くようになり「島と島がつながるようにはなったが表面はガタガタ」というのが、核が大きく成長したときの状態です。原料がステップにくっついて、原子1層ずつがきれいに結晶へと成長するのは、じつはかなり理想的なパターンなのです。先ほどの実験で作った窒化ガリウムの結晶の表面は、なぜガタガタになってしまったのでしょうか。

◆結晶の表面がなぜガタガタになったのか

第1章でたとえに挙げたレゴブロックの話を思い出してください。もし、基板のブロックの凸凹と、上に積み上げるブロックの凸凹の間隔が違っていたら、ブロックはうまくはまりません。無理やり押し込めたら、ブロックが割れてしまうかもしれません。

実際の結晶成長でも同じようなことが起きています。基板の結晶の原子の間隔と、上に積み上げて成長させる結晶の原子の間隔が違うと、少しずつ歪みが大きくなり、原子が結合しにくくなるのです。これらの原子の間隔の違いの大きさのことを「格子不整合度（ミスマッチ）」と呼んでいて、ミスマッチの大きさの違いが結晶の性質に大きく影響を与えています。

まずは窒化ガリウムの原子の間隔を測るために、結晶構造を観察してみましょう。図2・16が窒化ガリウムの結晶構造です。このような六角柱を基本のブロックの塊として、この構造が繰り返されて原子が規則正しく並んでいます。このように、繰り返すと結晶ができる基本的なブロックのことを「結晶格子」と言います。

結晶にX線を当てると、原子にぶつかって散乱し、特定の方向でX線が強められたり弱められたりする「回折」と呼ばれる現象が生じます。その回折した光の強度を観測すると、原子の間隔

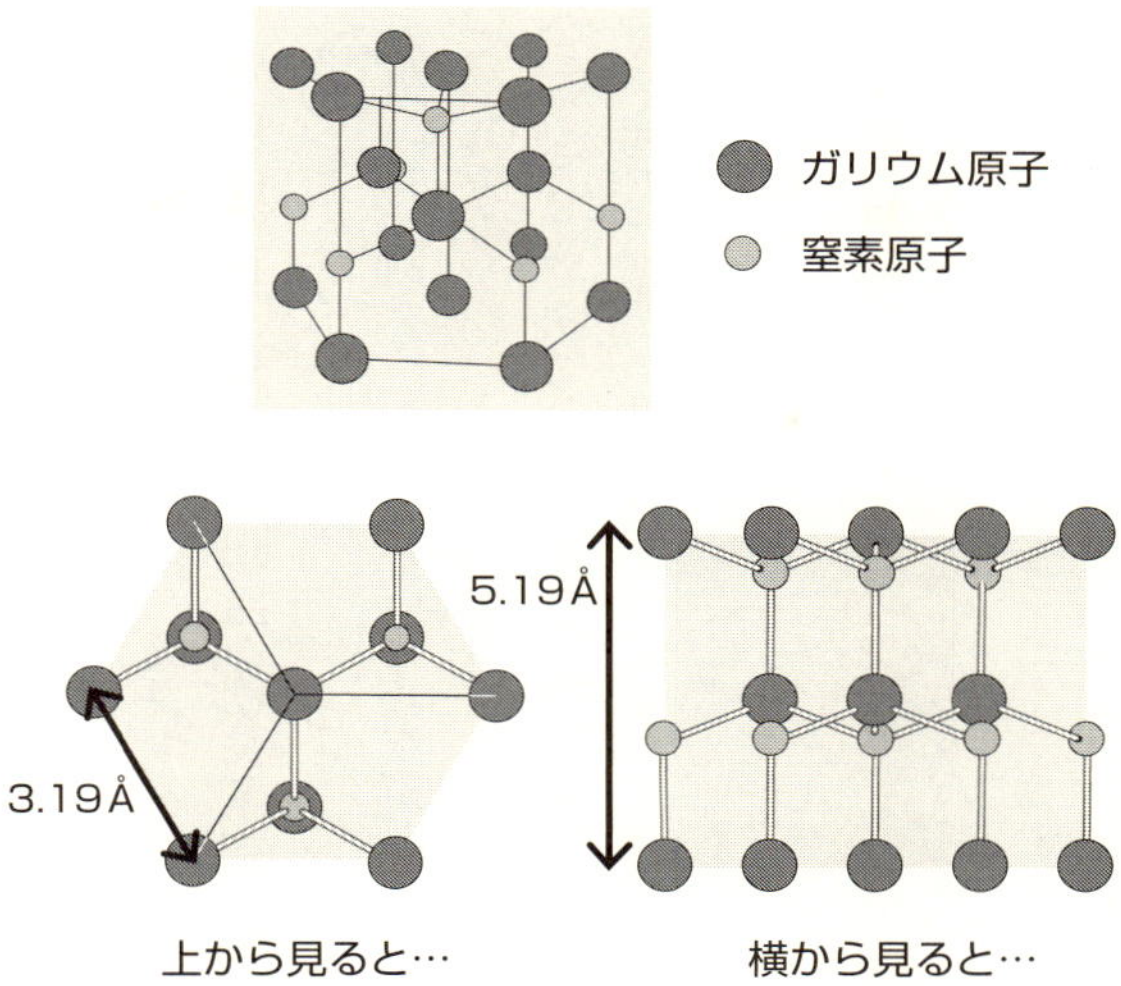

図2.16 窒化ガリウムの結晶構造

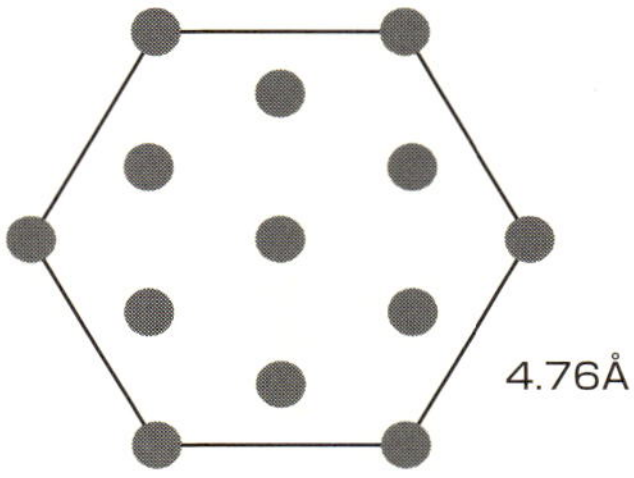

図2.17 サファイアの結晶格子の六角柱の底面

を求めることができます。このX線回折で測定すると、ガリウム原子と窒素原子との距離は約1・95Å（オングストローム）。1Åは1ミリメートルの1000万分の1です。さらに、底面の六角形の1辺の長さは3・19Åで、六角柱の高さは5・19Åだと分かります。

きれいな結晶を作るためには、成長する方向の面の構造が深く関係します。私がMOVPE装置で高品質の窒化ガリウムの結晶を成長させようと実験したときは、図2・16の六角柱の上の方向に成長させようとしていました。つまり、六角柱の上面の六角形の構造がとても影響するので、1辺の長さの3・19Åという数字がとても大切になってきます。

次に、基板のサファイアの結晶構造を見てみましょう。サファイアとは酸化アルミニウム（α-Al_2O_3）のことです。したがって、その結晶ではアルミニウムと酸素の原子が規則正しく並んでいます。サファイアの結晶格子も窒化ガリウムと同じように六角柱の形をしていますが、少し複雑な構造をしています。図2・17はサファイアの結晶格子の六角柱の底面ですが、結晶の基本単位がとても大きいことが分かります。そして気になる六角柱の底面の六角形の1辺の長さは4・76Åです。

それでは、窒化ガリウムの結晶格子の六角形と、サファイアの結晶格子の六角形を重ねてみましょう。すると、図2・18のようになります。六角形の形をそのまま重ねるのではなく、原子がより近くなるように頂点を30度ずらして重ねます。図2・18での窒化ガリウムとサファイアの原

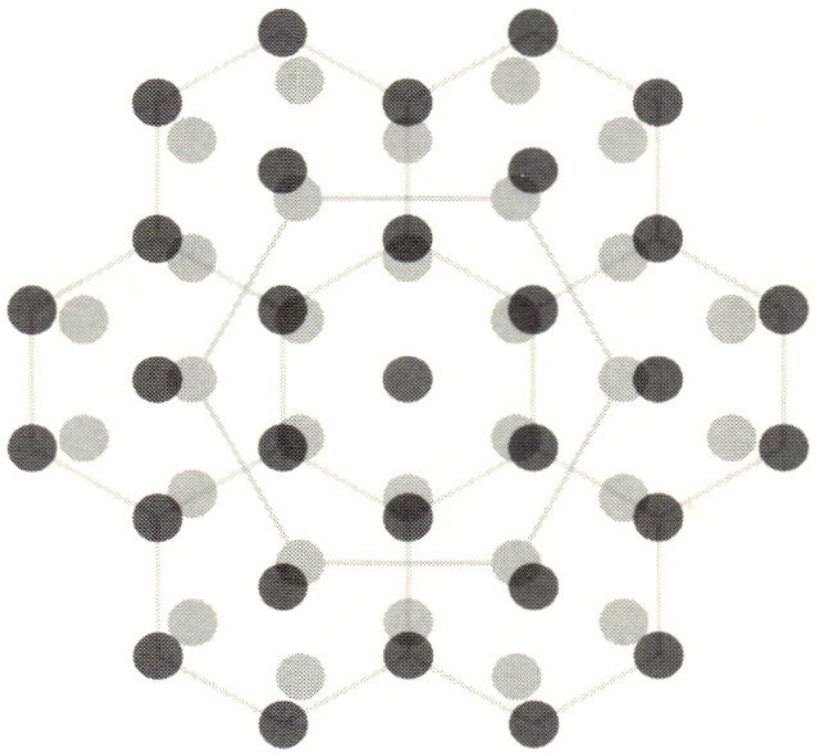

図2.18　窒化ガリウムとサファイアの結晶格子を30度ずらして重ねてみると……

子の間隔の長さを比べてみましょう。窒化ガリウムの原子の間隔の長さは、先ほどの六角形の１辺の長さと同じなので３・１９Åです。一方、サファイアの原子の間隔は計算し直すと２・７５Åになります。

重ねてみると、かなり原子がずれているのが一目で分かります。原子の間隔の違いを示すミスマッチを計算すると約16パーセントになるのですが、これは高品質な結晶を成長させるにはとても大きく、やっかいな値です。窒化ガリウムとサファイアの原子の間隔の違い、つまりミスマッチが大きいため、「島と島がつながるようにはなったが表面はガタガタ」になってしまったのでした。

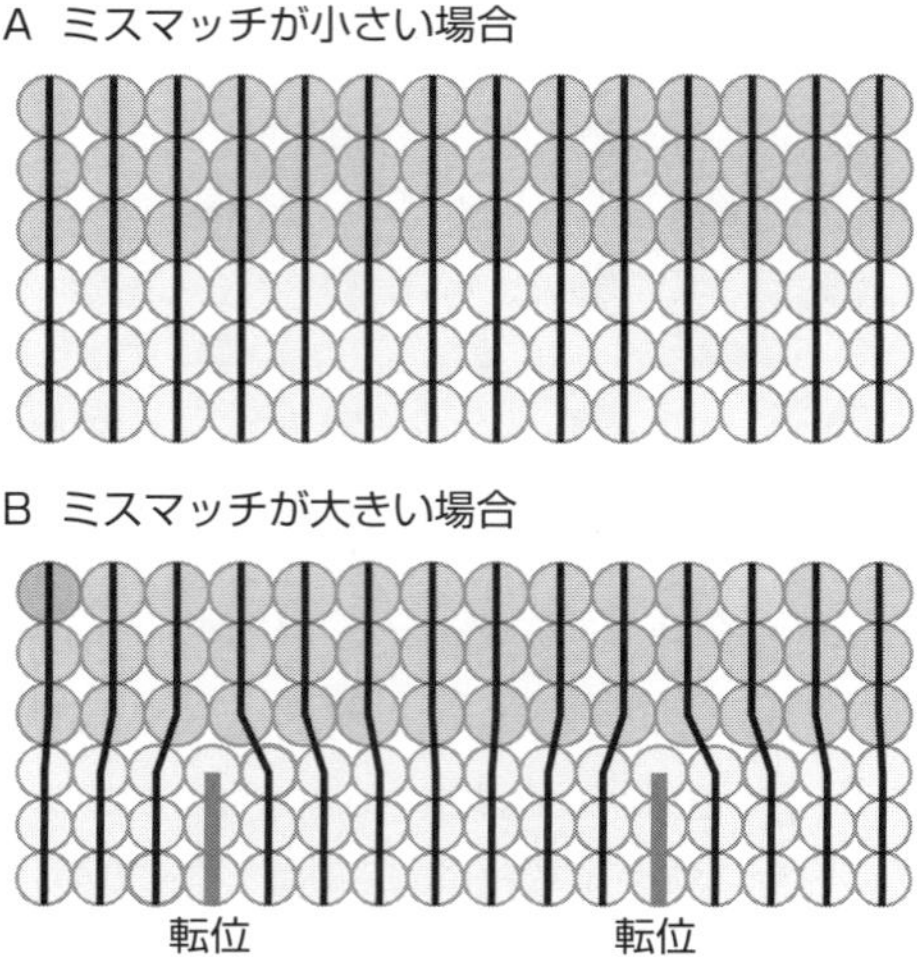

図2.19　ミスマッチが大きいと転位ができてしまう

◆ミスマッチの大きさによって核の成長パターンが変わる！

ミスマッチが大きいと、結晶成長にどんな影響があるのでしょうか。ブロックを積み上げる例で考えてみましょう。

まず、ミスマッチが小さい場合は、図2・19Aのように、基板と成長する結晶の境界が分からないほどきれいにつながっています。しかし、ミスマッチが大きいと、図2・19Bのように歪みが大きくなって、うまく結合できない「転位」と呼ばれる欠陥ができてしまいます。転位が多いと高品質な結晶はできません。実際に結晶の核が成長するときには、このミスマッチの大きさなどが影響して、主に3つのパターンに

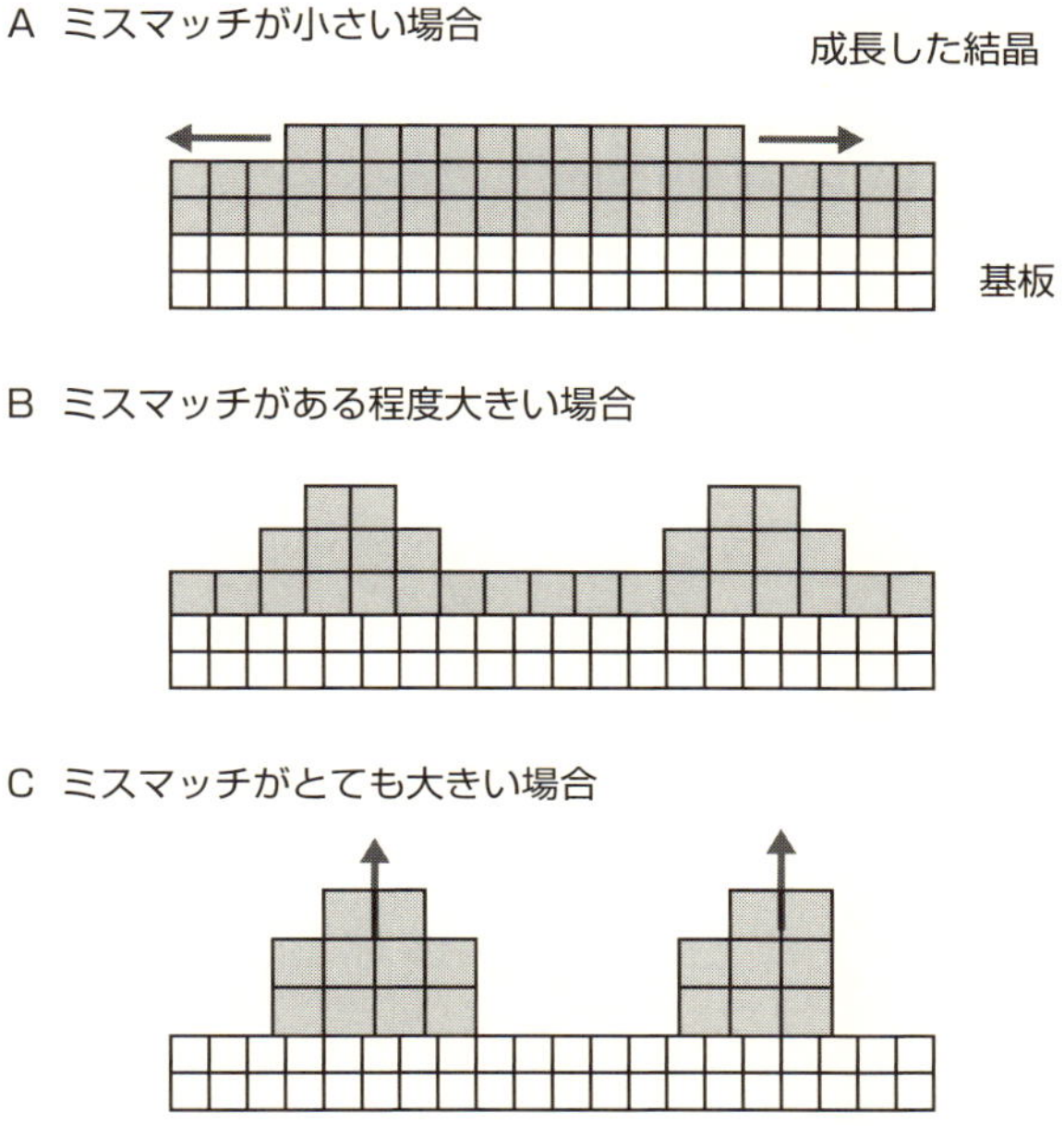

図2.20 結晶の核のでき方には3パターンある

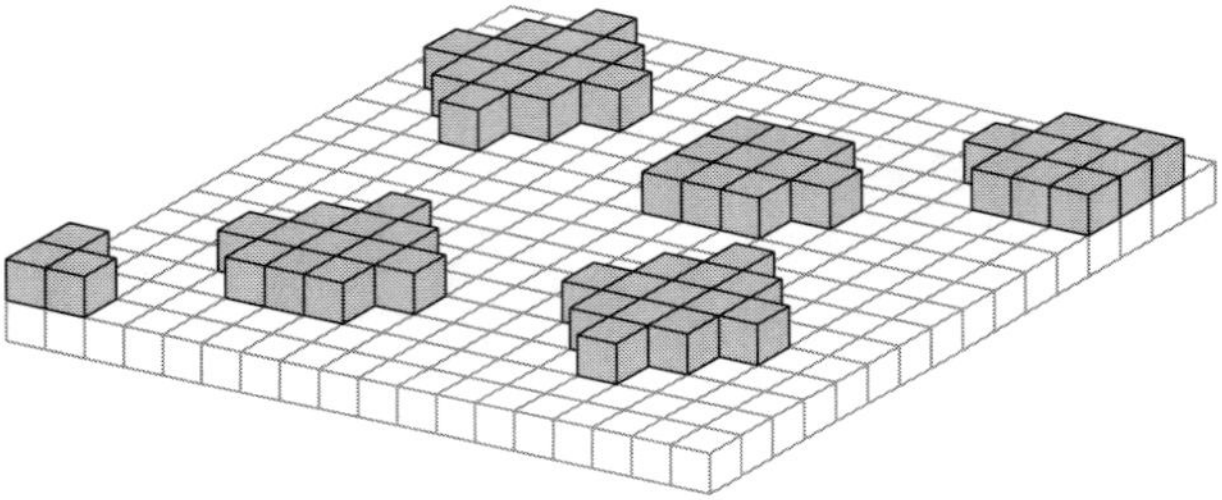

図2.21 窒化ガリウムの小さな島がたくさんできる

分けられます。

1つ目は「ミスマッチが小さい場合」です（図2・20A）。このときには、基板の表面に結晶の核ができると、基板に平行な方向に成長して、原子が1層ずつきれいに積み重なっていきます。最初に話した棚田の風景のように、ステップの段差のところにきれいに原料の原子がくっついて成長していく場合です。

2つ目は「ミスマッチがある程度大きい場合」です（図2・20B）。このときには、最初は先ほどと同じように原子が1層ずつ成長するのですが、やがて歪みが大きくなって基板と平行な方向に成長しにくくなり、基板に垂直な上の方向に伸びるように成長していきます。

3つ目は「ミスマッチがとても大きい場合」です（図2・20C）。このときには、歪みがとても大きいので原子が1層ずつきれいに積み重ねられず、最初から基板に垂直な上の方向に伸びるパターンです。

そして、サファイア基板の上に窒化ガリウムを成長させる場合

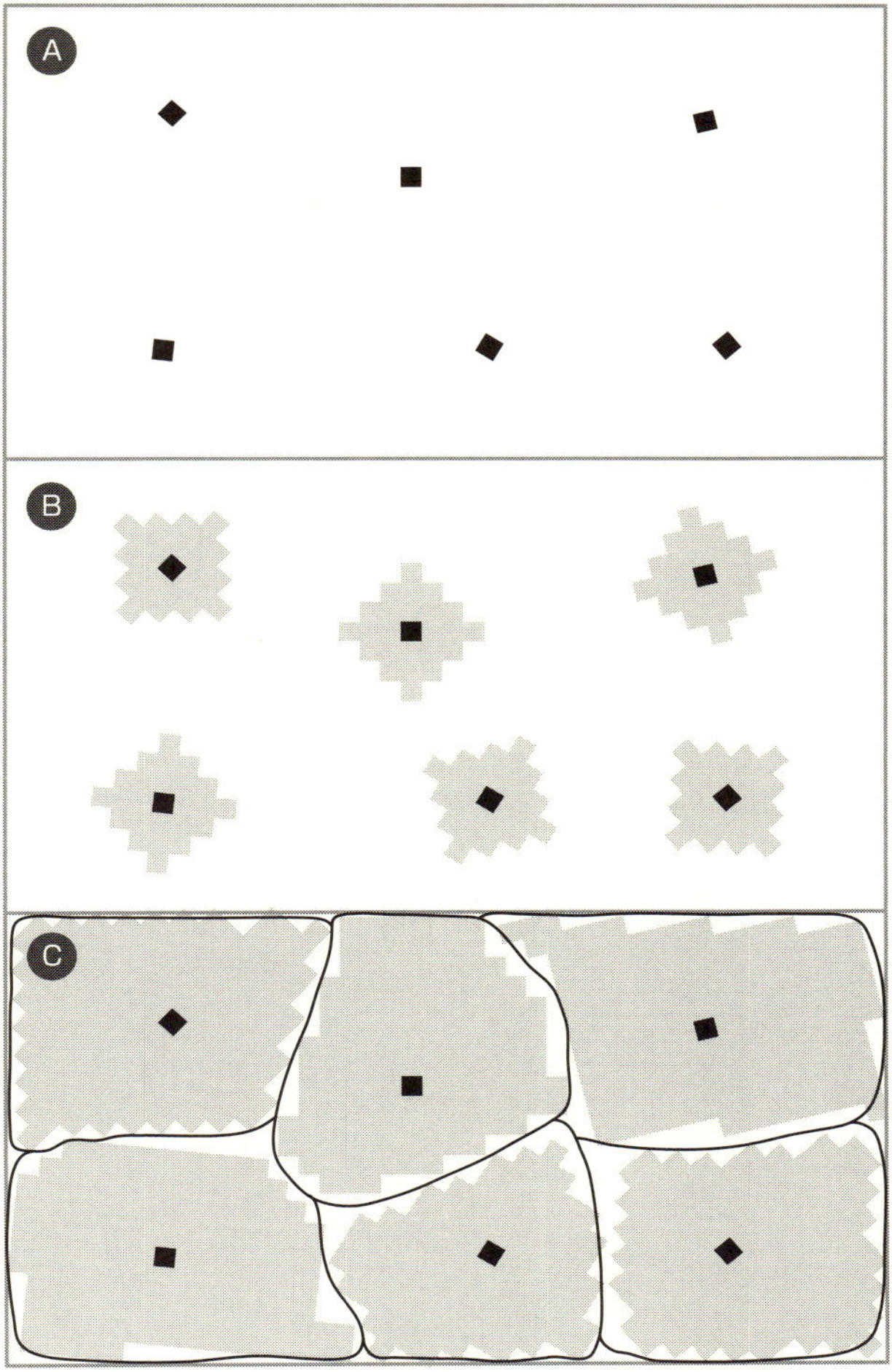

図2.22 結晶の核は向きがバラバラ

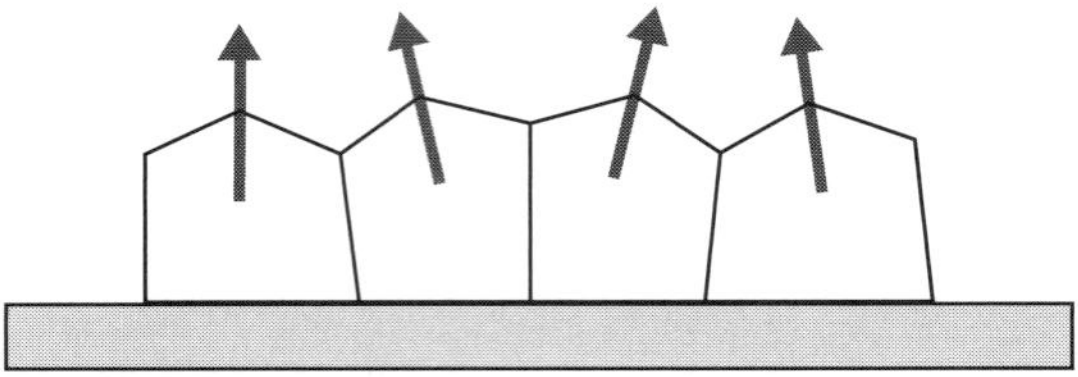

図2.23 結晶の核は傾きがバラバラ

は、ミスマッチが16パーセントとても大きいので、3つ目のパターンのように結晶の核が成長していきます。つまり、結晶の核がそれぞれ基板と垂直な方向に伸びて小さな島がたくさんできあがり、島どうしが合体したような結晶ができあがります（図2・21）。

このように小さい島が別々に大きく成長してしまうのは、あまり喜ばしいことではありません。実際に小さな島をたくさん作って成長させてみましょう。図2・22を見てください。最初に基板の上にAのように結晶の核ができたとします。すると、それぞれの核が順調に大きくなっていくと、Bを経てCのように大きくなっていきます。すると、島どうしの境目がきれいにつながらなくなってしまいます。つまり、最初の核の向きがそれぞれ違うので、そのまま大きくなると島全体の向きがずれてしまい、うまくつながらないのです。

さらに、島の方向だけでなく傾きも異なります。図2・23は横方向から見た結晶ですが、基板に対してまっすぐ垂直に伸びる結晶もあれば、ピサの斜塔のように少し傾いて伸びる結晶もあります。この結晶の傾きもそれぞれの島によって違います。そのため、結晶の表面がガタガタになってしまったのです。ちなみに、このような向きがそろったひとつの島のことを「結晶粒」といい、島の境界を「粒界」と呼んでいます。粒界は電子やホールが結晶の中で動くのを邪魔するので、粒界が多くなるほどＬＥＤが光る効率が悪くなってしまいます。

◆「磨りガラス」に泣いた日々

実験で使っていたサファイア基板は、ピカピカに磨かれているので、見た目は完全に無色透明です。しかし、結晶成長の実験のあとは、島がたくさんあるでこぼこの結晶が付いているので、表面で光が乱反射して「磨りガラス」のように白く見えてしまいます。反応管は透明なので、中をのぞくと実験の途中でもその様子が分かってしまうのですね。だめなときは基板の表面の光沢がなくなるので、見ていれば良い結晶か悪い結晶かがすぐに分かります。「あぁ、これは汚いや」と分かって、10分くらいで「もうやーめた」というのもけっこうありました。

赤﨑先生に言われた言葉で一番最初に思い出すのは、「君の作る結晶はいつも磨りガラスみたいだね」という言葉です。2、3ヵ月に1回開かれる報告会で、作った結晶を渋々見せていたのですが、いつもそう言われていました。このころは午前10時ごろに研究室に来て実験の準備を始め、午後から夜中にかけて、多いときは5、6回ほど実験をしました。1回の実験は1時間から

3時間ほどで、帰るころには日付が変わっています。実験でできるのはいつも磨りガラスみたいな結晶ばかりだったので、がっくりと肩を落としながらスクーターに乗って下宿に帰りました。そんな生活を繰り返して、土日はとくに必死に実験をしていました。

ところが、まだ実験がうまくいかない修士課程2年の夏ごろに、赤崎先生から「君はドクターに残ったほうがいいよ」と言っていただきました。そのときは、こんなので論文が書けるのか、本当にドクターコース（博士課程後期課程）に行けるのか、漠然とした不安を感じながら実験をしていました。自分にとっては、このまま学生を続けるには大変なこともありました。学費はもちろん、生活費さえもどうなるか分からない状態でした。しかし、実験を続けることは楽しかった。「まだ何もできていないのでこれからだ」という気持ちのほうが大きかったのでしょうね。

◆転機は先輩の実験の話 別の結晶を間に挟む

うまくいかない日が続きましたが、転機が突然訪れました。当時、赤﨑研究室の助教授だった澤木宣彦先生（現在、愛知工業大学）が1年以上前に話してくれたことを、実験中に急に思い出したのです。研究室の先輩が取り組んでいた実験の話です。

当時、先輩たちはボロンリン（BP）という結晶をシリコン基板の上に作ろうとしていました。

その実験もミスマッチが大きくて、なかなかきれいな結晶ができませんでした。しかし、シリコン基板にボロンリンを成長させる前に、リン原子の原料を先に流しておくと、きれいな結晶ができたらしいのです。おそらく先にリンの結晶の核が付いていたから、その核を起点としてボロンリンが基板に平行な横方向に広がったんだろうという話でした。その話を実験中に偶然思い出したのです。

それで、同じようにやってみようと思い立ちました。つまり、「サファイア基板と窒化ガリウム結晶の間に別の結晶を挟んでみよう」と考えたのです。その間に挟む結晶として考えたのが「窒化アルミニウム（AlN）」です。一緒に実験をしていた小出さんは当時、窒化アルミニウムを作っていたのですが、私が作っていた窒化ガリウムの結晶よりも表面が平坦でした。そこで、窒化アルミニウムを少しだけ付ければ、それが核になって窒化ガリウムの結晶が基板と平行な横方向に広がり、きれいな結晶ができると予想したのです。

しかし、窒化アルミニウムもサファイアとのミスマッチが大きいので、結晶の核の方向は少しずつずれています。そのため、基板に付ける核の数が多すぎると、結晶が成長したときに隣の核から成長した結晶とぶつかるまでの距離がとても短く、欠陥が多い結晶ができてしまいます（図２・24A）。しかし、核を少しだけ付ければ核どうしの距離が離れるため、ひとつの結晶が大きく成長できるのではないだろうかと考えたのです（図２・24B）。

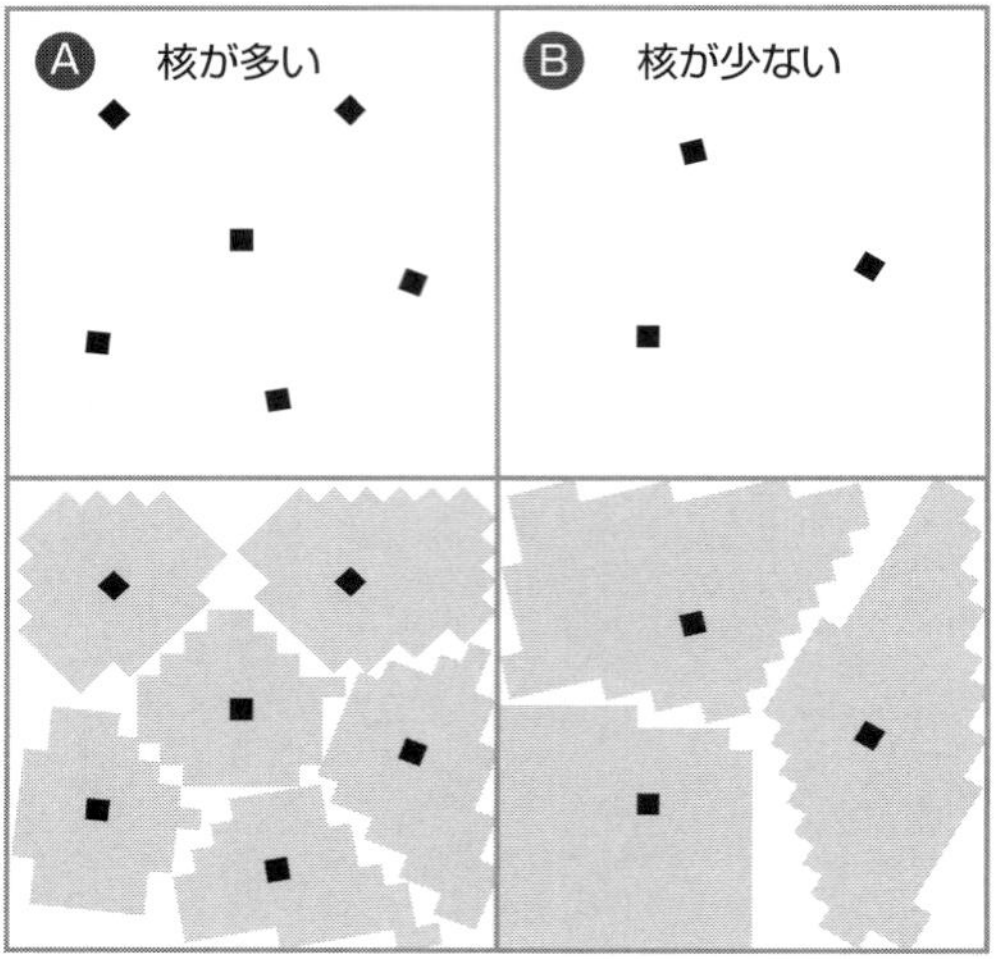

図2.24　結晶の核が多いと結晶粒が小さくなってしまう

次に、間に挟む窒化アルミニウムの結晶を成長させる温度を決めました。窒化アルミニウムは、成長炉の温度を高くすると高品質な結晶を作れることが、小出さんの実験などから分かっていました。しかし、私はあえて温度を下げて、あまりきれいではない結晶を作ろうと考えました。その理由は、窒化アルミニウムと窒化ガリウムでは、原子の間隔の差を表すミスマッチが多少あるからです。もし、高品質な窒化アルミニウムを成長させると、サファイア基板と同じようにミスマッチが大きくなり、結局、上に成長させる窒化ガリウムに欠陥が生じてしまいます。多少きれいではない結晶を間に挟んだほうが、ひずみを緩和できると考えたのです。

そこで、実験ではあえて成長炉の温度を下げました。結晶核を少しだけ付けるのなら、低い温度でもよいのではないかと考えたのです。温度は５００℃から６００℃くらいだったと思いますが、正確な温度は覚えていません。そのときは、だいたいこんなもんだろうと適当に決めました。このように、大きなミスマッチを緩和するために低温で成長させた結晶の層を「低温バッファ層（低温緩衝層）」と呼んでいます。

このころは磨りガラスのような結晶ができてしまう日々が続いていたので、結果にはまったく期待はしていませんでした。いろいろ試してみても必ず汚い結晶しかできなかったので、今回もだめだろうと思っていました。疲れてもいたので、成長中の結晶は見るのも嫌になっていました。

ところが、たしかその日の夕方ごろだったと思います。反応管をはずして、基板をピンセットでつまんで取り出してみると、無色透明だったのです。見た目は実験を始める前のサファイア基板とまったく同じで変わっていなかった。ありゃ、原料を流し忘れたかなと思って、原料を流す量を調節するバルブを見ると、開いている。不思議に思いながら一応顕微鏡で見てみました。すると、表面はまっ平らで何も見えないんですが、端っこには六角形の結晶が見えたんです。

「あれ、結晶が付いてるじゃん！」

慌てて赤崎先生のところに結晶を持っていきました。今まで見たことがないほどきれいだったので、喜んでもらえるだろうと思ったのです。しかし、赤崎先生は冷静にこうおっしゃいました。「結晶がきれいになっただけではだめだから、中身がきれいかどうかも確認しなさい」。つまり、結晶を評価する実験をして、高品質な結晶かどうかをきちんと確かめましょうということです。赤崎先生の反応が意外と冷静だったので、盛り上がった気分がしゅんとなりました。

◆「低温バッファ層」を挟むとなぜきれいな結晶ができたのか

それでは、実験の結果を詳しく振り返ってみたいと思います。まずは、窒化アルミニウムの「低温バッファ層」を挟んだ結晶と、そうでない結晶の断面を比べてみましょう。

図2・25を見てください。Aは低温バッファ層を挟んだ結晶の断面、Bは挟んでいない結晶の断面で、それぞれ透過電子顕微鏡で見た写真です。この2枚の写真をよく見比べてみてください。上に成長した窒化ガリウムの結晶が、写真Aではきれいに積み上がっているのに対し、写真Bには「黒い線」がたくさん入っています。この黒い線の正体は、転位と呼ばれる欠陥です。黒くぐちゃぐちゃに見えるところほど、歪みが大きく結晶の性質が悪くなっている場所です。

低温バッファ層を挟んだ結晶をさらに詳しく見てみましょう。一番下にあるのがサファイア基板で、その上の白っぽい場所が窒化アルミニウムの低温バッファ層です。厚さは100ナノメー

A　低温バッファ層を挟んだ結晶

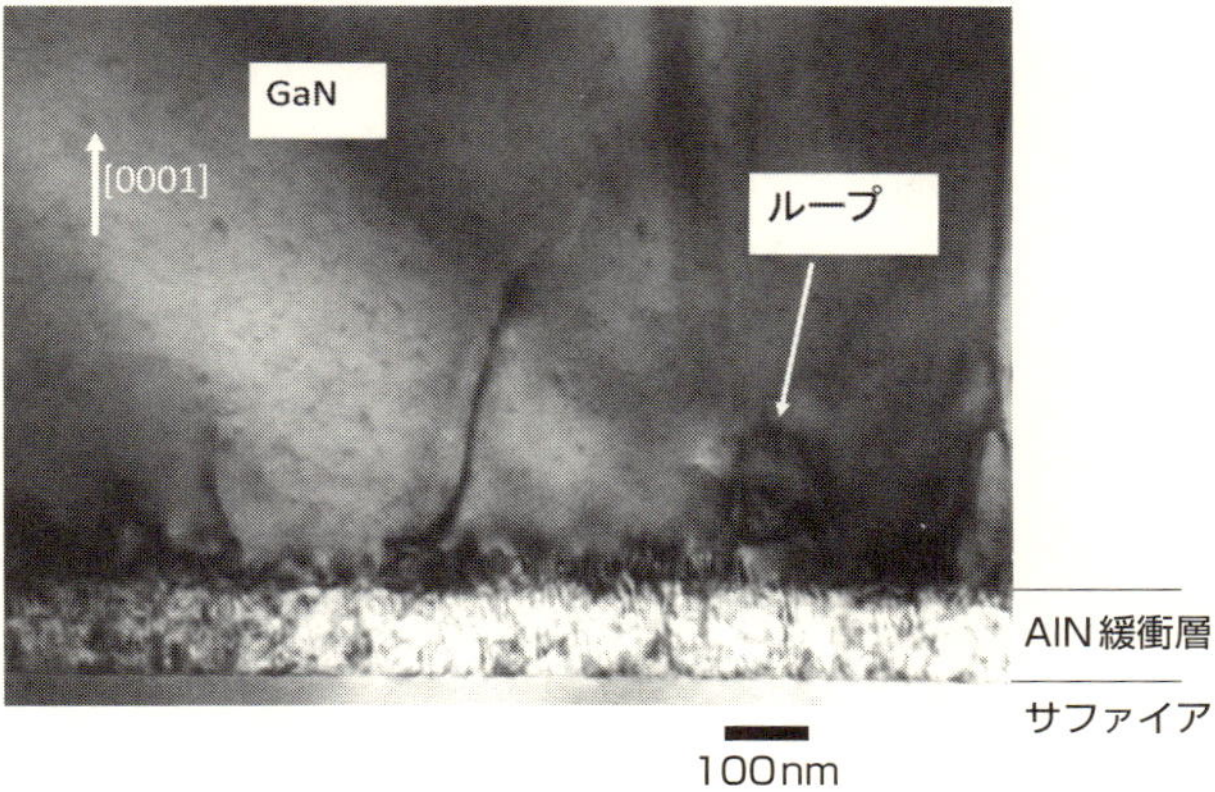

B　低温バッファ層を挟まない結晶

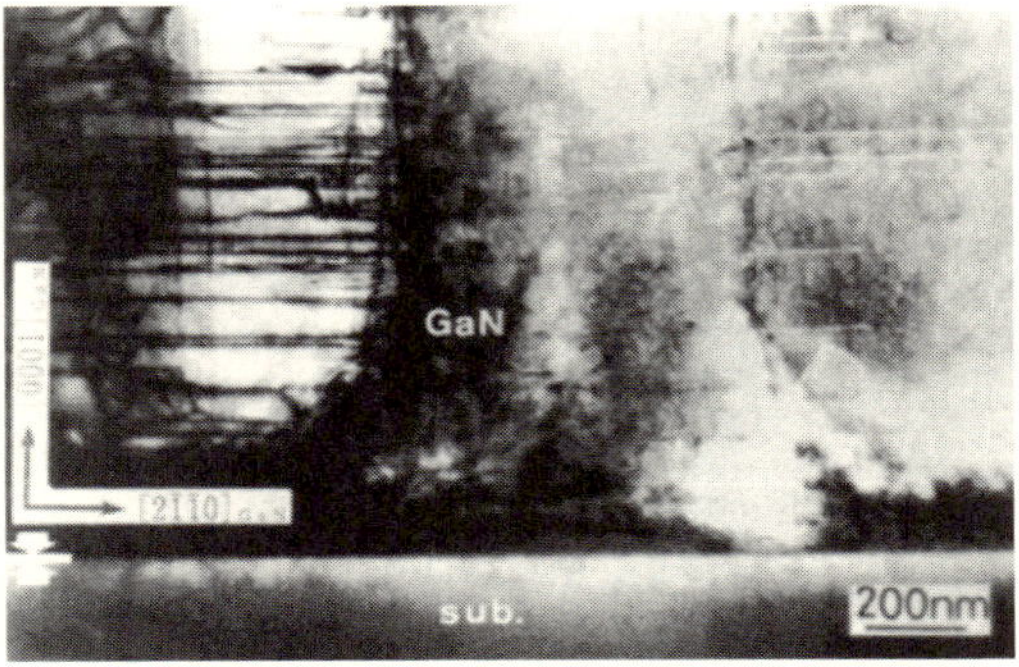

図2.25　低温バッファ層の有無による断面の比較

（写真A・『エピタキシャル成長のフロンティア』（共立出版）より
写真B・名古屋大学赤﨑記念研究館提供）

Ⓓ 垂直に伸びる結晶が残り、横方向に広がる

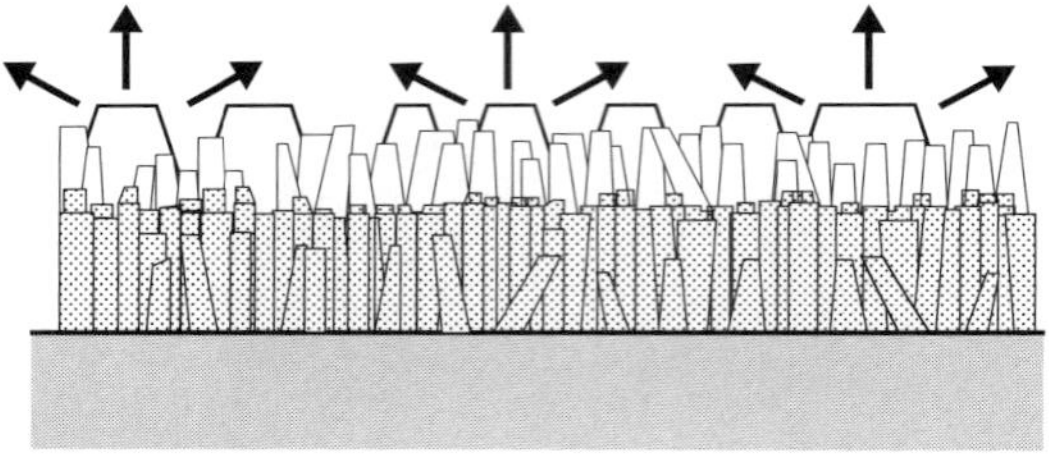

Ⓔ 上に成長するほど転位が少なくなり、大きな結晶粒ができる

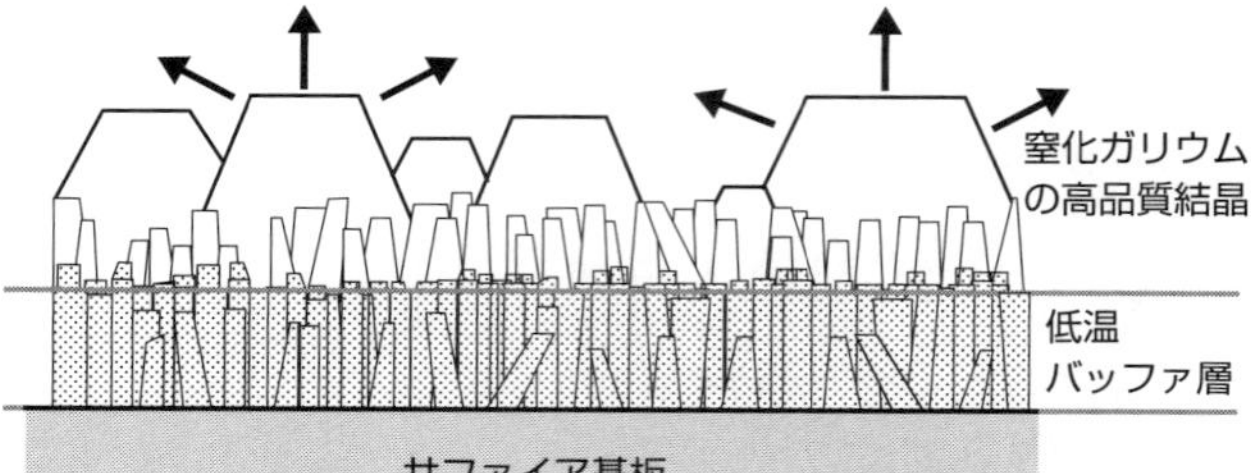

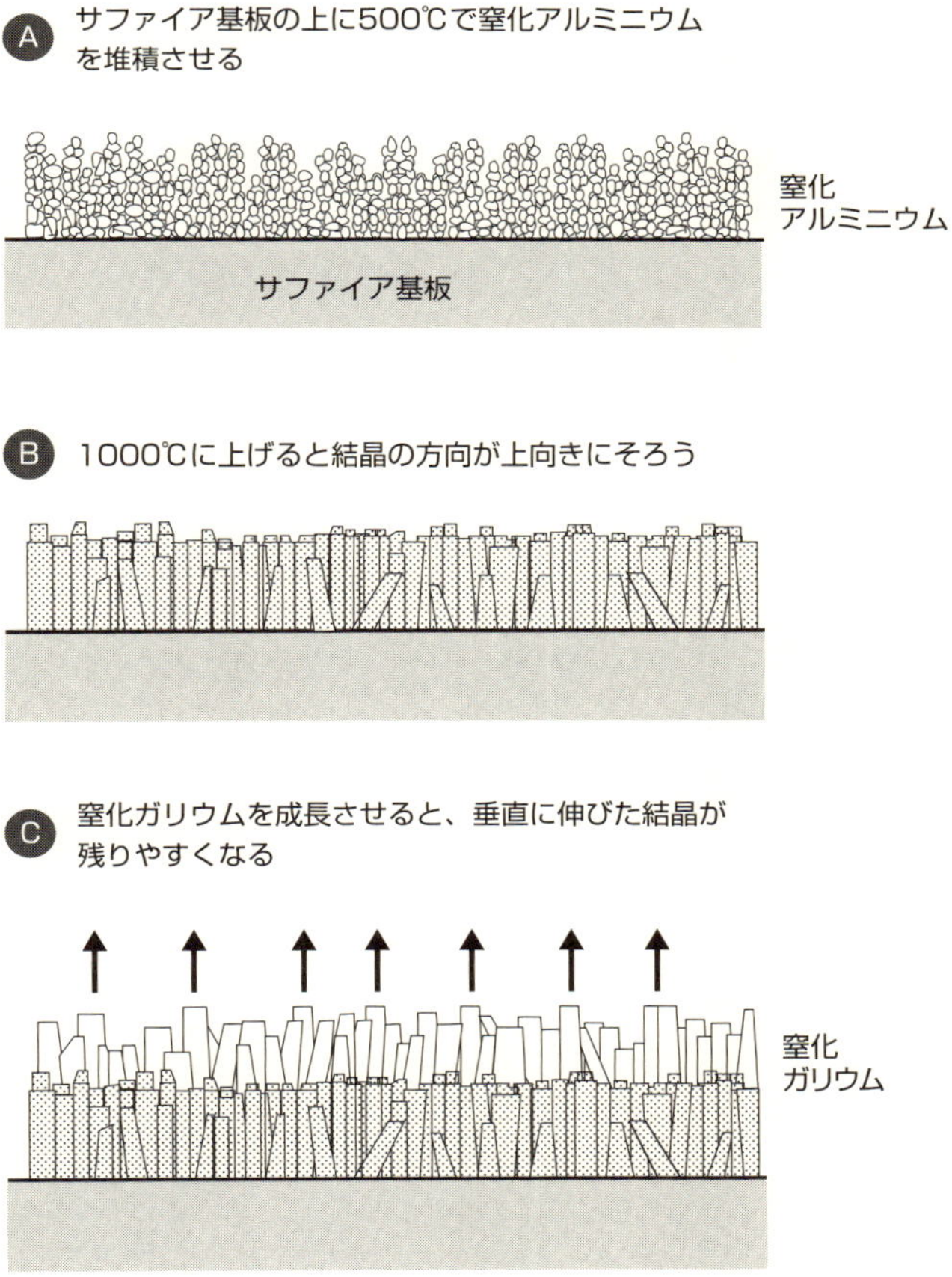

第2章 青色LEDへの挑戦——高品質結晶を作れ！

A サファイア基板の上に500℃で窒化アルミニウムを堆積させる

窒化アルミニウム

サファイア基板

B 1000℃に上げると結晶の方向が上向きにそろう

C 窒化ガリウムを成長させると、垂直に伸びた結晶が残りやすくなる

窒化ガリウム

図2.26 なぜ低温バッファ層を挟むと高品質の結晶ができるのか

トルほど。その上が窒化ガリウムですが、低温バッファ層との境界の近くにはたくさんの線が走り、欠陥が集中している層があることが分かります。しかし、さらに上の結晶では欠陥を表す黒い線が少なくなり、結晶の品質が良くなっています。つまり、低温バッファ層を挟むと、最初は欠陥が多い結晶ができてしまいますが、しばらく成長させると欠陥が少なくなり、高品質の結晶ができていたのです。

なぜ低温バッファ層を挟むと高品質の結晶が成長したのでしょうか。実験前には、「核を少しだけ付けると結晶粒が大きくなるはずだ」ということを狙って、低温バッファ層を挟むアイデアを思いつきました。しかし、実際には、結晶はどのように成長したのでしょうか。詳しく見てみましょう。

こんどは図2・26を見てください。まず、約500℃という低い温度で窒化アルミニウムを成長させると、小さな結晶がたくさん集まったような状態になります（図A）。ひとつひとつの結晶は、自由にバラバラの方向を向いています。

その後、窒化ガリウムを成長させるために、基板近くの温度を1000℃まで上げます。すると、先ほどのあちこちの方向を向いた小さな結晶が、ある程度上向きの方向がそろった柱のような形をした結晶に変わります（図B）。1本の柱の直径は数十ナノメートルほど。表面はある程度は平坦ですが、よく見るとまだピサの斜塔のように、わずかに柱が傾いています。

そして、この上に窒化ガリウムを積み上げていきます。窒化ガリウムは下地の窒化アルミニウムの柱の結晶の向きにしたがって、柱が伸びる方向に成長していきます。すると、わずかに斜めに傾いたピサの斜塔のような結晶は、垂直にまっすぐ伸びる結晶にぶつかります（図C）。結果的に、垂直に伸びる方向にそろった結晶だけが、横方向にも広がって大きく成長できるようになります（図D）。

そのまま結晶を成長させていくと、直径が100ナノメートルから1000ナノメートルほどの大きな結晶が集まった、高品質の結晶ができます（図E）。このように結晶を成長させると、低温バッファ層との境界では欠陥が多いけれど、成長するにしたがって上方向の向きがそろった結晶だけが選ばれて残り、結果的に結晶が大きく成長できて高品質になっていたのです。

◆「これは世界最高の結晶です」

結晶を見せたとき赤﨑先生がおっしゃったように、結晶の良し悪しは見た目だけでは判断できません。次に、結晶の品質を評価する実験結果についてお話ししたいと思います。

結晶の中の原子がどれくらいきれいに並んでいるのかを確かめる方法として、前にも登場した「X線回折法」があります。調べたい結晶にいろいろな方向からX線を当て、その反射する光の

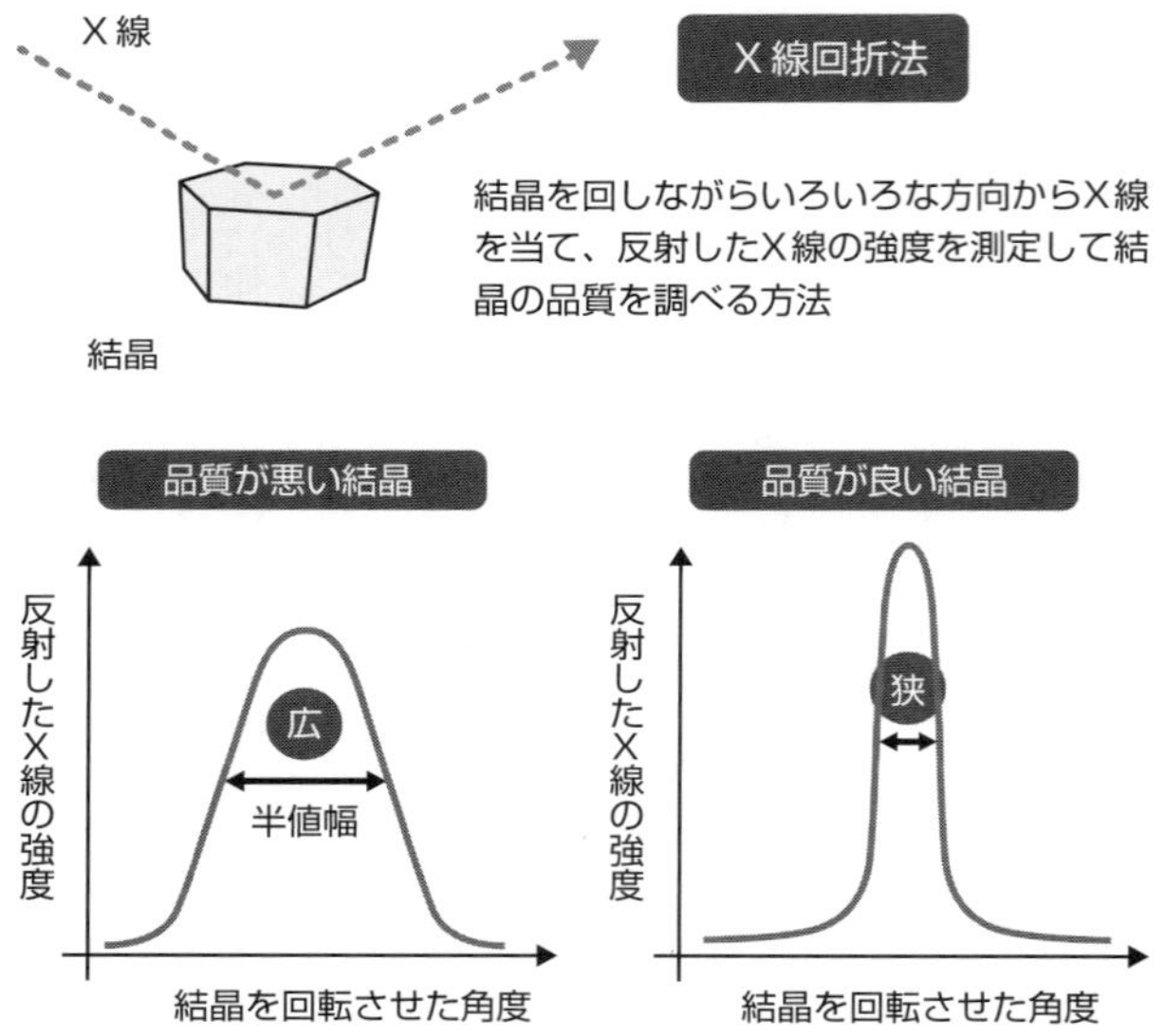

図2.27　結晶の品質を調べる「X線回折法」
原子がきれいに整列した高品質な結晶ほどグラフのピークが鋭く尖って半値幅が狭くなる

強度を測定します（図2・27）。結晶の原子が整列していればいるほど、ある決まった角度でX線を当てたときにのみ、反射するX線の強度が非常に強くなるのです。

横軸を結晶を回転させた角度、縦軸を反射するX線の強度にしたグラフを描くと、違いがよく分かります。つまり、原子が整列していないあまり品質の良くない結晶は、反射するX線の強度のグラフのピークがぼやけて幅が広がる。一方、原子がきれいに整列している高品質な結晶ほど、グラフのピークが鋭

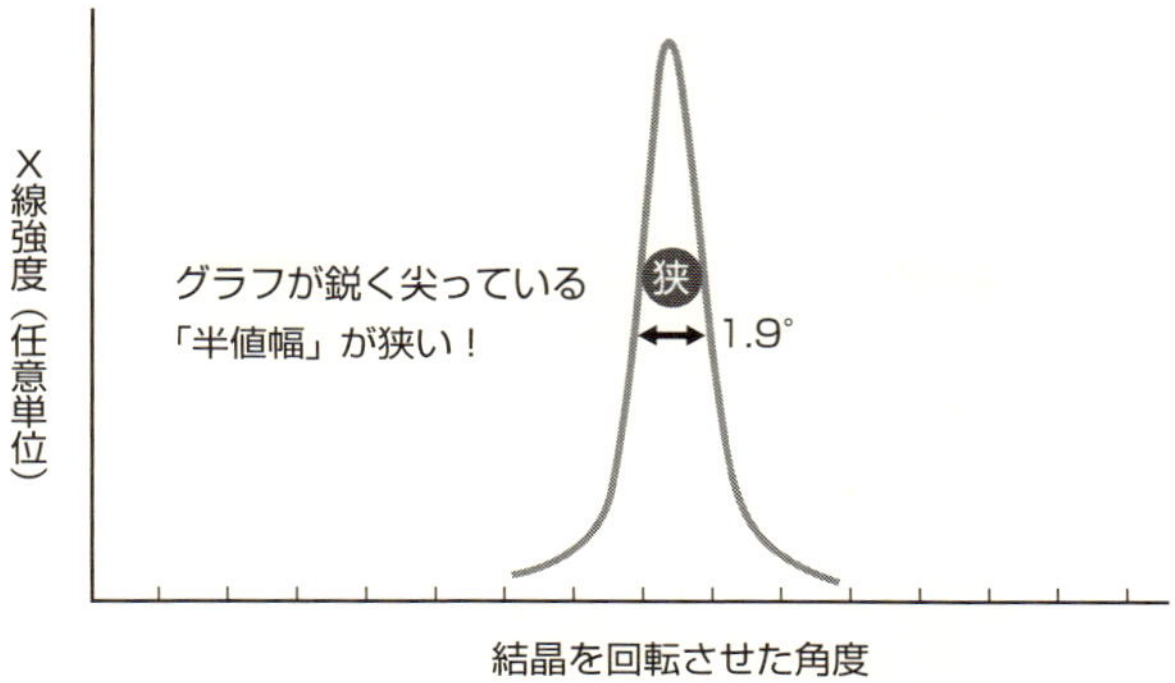

図2.28　大阪府立大学伊藤先生による窒化ガリウム結晶のX線結晶評価

く尖って幅が狭くなるのです。グラフのピークの半分の強度のところで見た幅の角度を「半値幅」と呼びます。この半値幅が狭いほど良い結晶と評価されます。

私たちの結晶のX線測定方法は、大阪府立大学（当時）の伊藤進夫先生に教えていただけることになりました。結晶を作ってから1週間たったころだったと思いますが、待ちきれずに急いで大阪まで持っていきました。

伊藤先生はX線の結晶評価の研究者で、窒化ガリウムの評価もよくされていました。当時の結果は半値幅が広い結晶ばかり。つまり、あまり良い結晶はなかったのです。そのため伊藤先生は当時、サファイア基板の上に窒化ガリウムを成長させる実験は、ミスマッチが大きすぎて良い結晶ができるわけがないと思われていたようです。だからこそ、この人に認めてもらえたら間違いないと考えて、伊藤先生に結晶の評価をお願いしたのです。

図2・28が実際の実験結果です。半値幅の角度は「90

秒」でした。皆さんが馴染みのある角度の単位は「度」だと思いますが、1度の60分の1が「1分」で、そのさらに60分の1が「1秒」です。これまでの窒化ガリウムの結晶の半値幅は400秒から500秒くらいだったので、かなり品質が良いことが分かりました。伊藤先生から「これは世界最高の結晶です」というお言葉をいただき、早く特許をとって論文を書いたほうがいいとアドバイスをいただきました。見た目はきれいな結晶なのにX線の評価でだめだったらどうしよう、となかば不安でしたが、この結果を知って「良い結晶ができた！」と確信できました。

◆積み重ねた実験は1500回超　1月2日から実験再開

結果が出た後は、喜ぶ暇もなく早く論文にしなければという焦りが募りました。実験から1年後の1986年2月にようやく論文になりました。

論文を出す間に特許の原案も書きました。本当は特許の請求範囲を広げて申請したほうが後々のためによかったのですが、そのときは特許に通るために請求範囲をできるだけ狭くして、実験結果だけにしました。つまり「窒化アルミニウムの低温バッファ層」だけの特許にしたんです。当時はまだ学生だったので発明者には入れず、大学として特許申請してなんとか認められました。しかし、そのあと徳島県のLEDメーカー、日亜化学工業の研究者の方が「窒化アルミニウムだけを除く、窒化アルミニウムと窒化ガリウムを混ぜた全ての結晶の低温バッファ層」で特許を書いて、通っちゃったんですよね（笑）。

低温バッファ層にたどり着いたのは、修士課程2年の2月ごろでした。学部4年生のころから積み重ねた実験の数は、１５００回を超えていました。結果があまりにひどかったときは実験ノートにすら残していなかったので、実際にはもっと多かったかもしれません。

当時は、土日も休まずに実験に明け暮れていました。休んだのは元日くらい。静岡県浜松市の実家まで、１００キロメートルほどの道のりを3時間ほどかけてスクーターで帰省しました。でも、2日には大学に戻って実験です。そのころは本当に実験にのめり込んでいました。映画とかボウリングとか、当時の同年代の人たちの遊びには興味がなく、今から思えば実験一筋でした。実験が楽しかったのでとても幸せでした。

当時の赤崎研究室は完璧に自由でした。自分で考えて自分で装置を組み替えて実験ができたという環境が、自分の性格に合ってよかったのでしょう。もしあれこれ指示されていたら、反発してしまい、違うことをやっていたと思います（笑）。

第3章

世界初「青色発光」の瞬間

ノーベル賞受賞後の会見で、赤﨑先生（左）と一緒に青色LEDの光を照らす著者（天野）
（写真提供・名古屋大学）

青色LEDを作るのが難しく、実用化までに時間がかかった理由について、私は第1章の最後で次のように説明しました。「きれいな結晶を安定して作ることが難しく、なかなかp型半導体を作れなかったから」だと。第2章では、サファイア基板と窒化ガリウムの間に低温で窒化アルミニウムを成長させた「低温バッファ層」を挟むことによって、高品質の窒化ガリウムの結晶を成長させた実験の話をしました。この技術によって、安定して高品質結晶を作ることができるようになりました。

青色LEDの実現に向けた次の課題は、ずばり「窒化ガリウムのp型半導体を作ること」です。第3章では、世界初の青色LEDの開発と、より明るく光るLEDとレーザーの実用化への挑戦について、お話ししたいと思います。

3.1 最大の壁、p型半導体に挑む

◆反発！「p型ができない」わけがない！

まずは、p型半導体の作製に挑んだ実験の話から始めましょう。

p型半導体とは、一番外側の殻の電子が1個少ない「アクセプター」を、不純物として材料に混ぜた結晶のことです。本来電子があった場所に、プラスの電気を帯びた穴のように振る舞う「ホール」がたくさんあるような結晶のことでしたね。

窒化ガリウムの結晶を作る窒素とガリウムの原子では、一番外側の殻にある電子の数はそれぞれ窒素原子が5つで、ガリウム原子が3つ、合わせて8つです。私は最初に、混ぜる不純物として「亜鉛（Zn）」を使いました。亜鉛の一番外側の殻にある電子の数は2個。つまり、ガリウム原子を亜鉛原子に置き換えれば、結晶の中にホールを混ぜることができ、p型半導体ができると考えたのです（図3・1）。

しかし、当時は「p型半導体はできない」と主張する論文がありました。論文の著者であるパンコフ氏によると、その理由は「自己補償効果」という現象でした。自己補償効果とは、たとえ亜鉛のようなアクセプターの不純物を混ぜてホールを作ったとしても、それを打ち消すように電子を供給するドナーができて、ホールがなくなってしまうというものでした。当時はその主張が

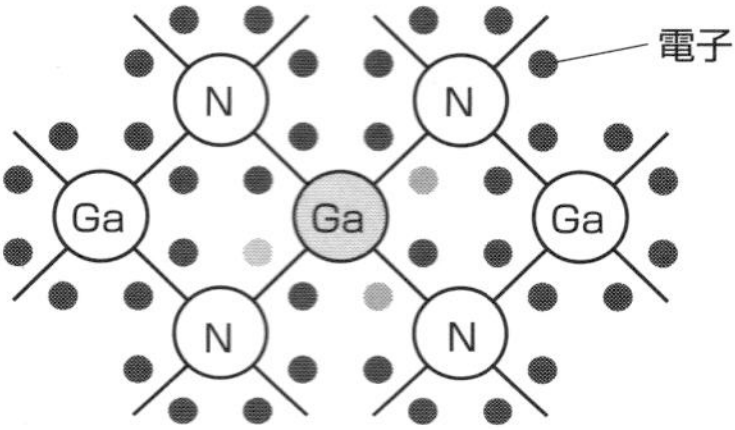

亜鉛原子（Zn）を混ぜると…

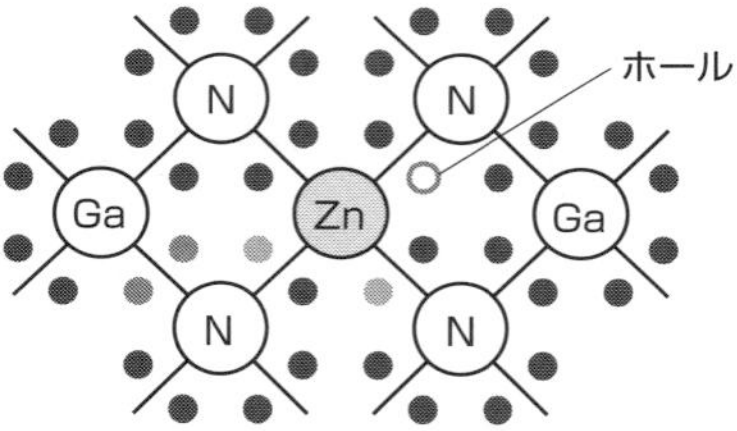

亜鉛原子の一番外側の殻には**2個**の電子しかない！
電子が足らずに**ホール**ができる

図3.1　窒化ガリウムの結晶に亜鉛原子を混ぜる

当たり前のように言われていましたが、決めつけられるのは納得がいかず、「そんなに都合の良いことがあるわけない！」と思っていました。なんとかこの主張を覆してやろうと考えていたのです。

◆学会で「その他」扱い聴衆はたったの1人

その当時、窒化ガリウムのp型半導体の結晶を作るのに使っていたMOVPE装置の2号機を紹介しましょう。1号機は設計から組み立てまですべて自分たちで作った装置でした。しかし、2号機は企業から買った製品です。100

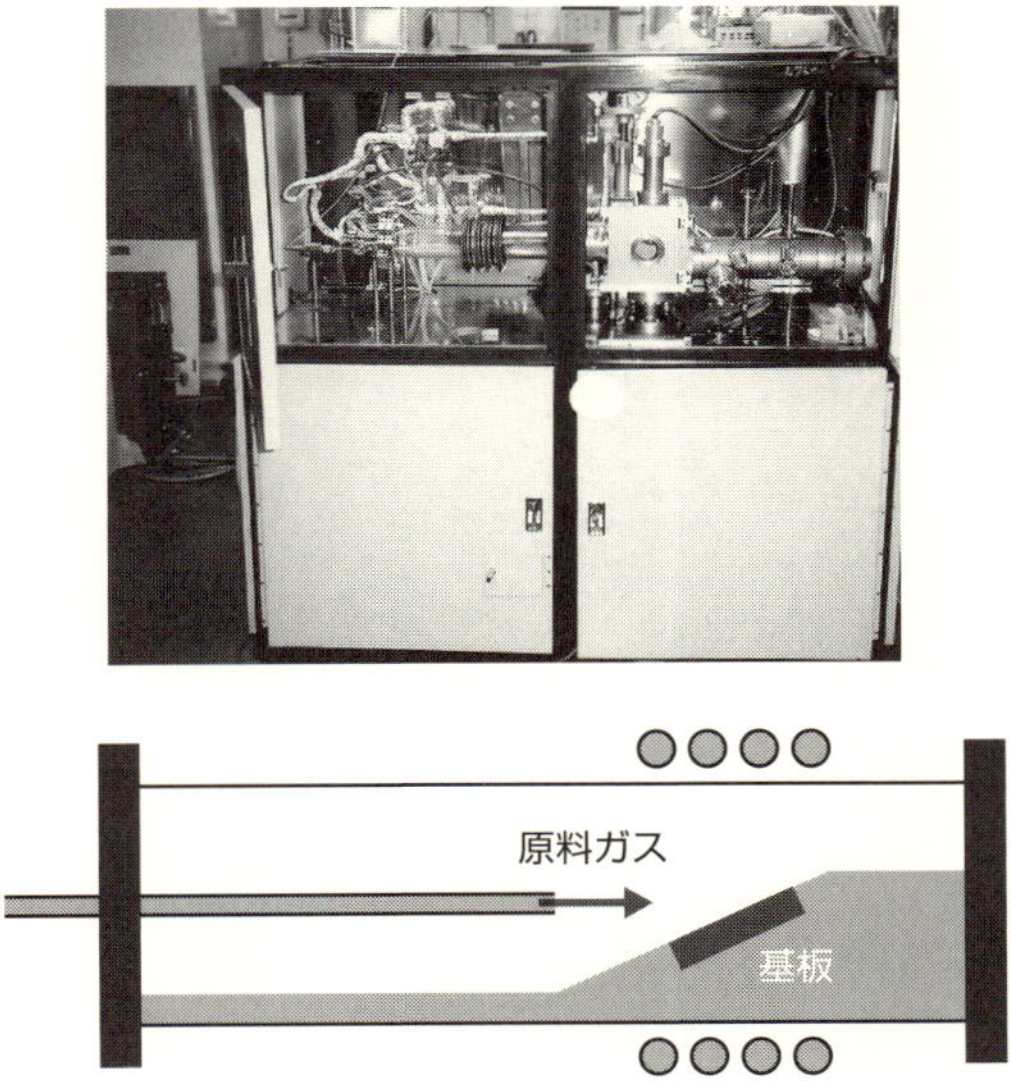

図3.2 MOVPE装置2号機とその模式図
（写真提供・名古屋大学赤﨑記念研究館）

0万円くらいだったでしょうか。

図3・2が2号機の写真と模式図です。1号機との最大の違いは、「縦型ではなく横型」だということです。1号機は、原料のガスを上から下向きに基板に吹き付けて結晶を成長させていました。しかし、2号機は横方向から基板に吹き付けるのです。横型にするメリットは、熱による対流が抑えやすくなること。原料ガスをそれほど大量かつ高速に流さなくても、ガスがスーッときれいに流れていくイメージです。

ガスがきれいに流れると、結晶を成長させる基板の面積を大きくすることができるようになります。実際の実験での原料ガスを流す速さは、毎秒100センチメートルほどでした。1号機の流速が毎秒500センチメートルだったので、5分の1ほどの速さです。当時、修士課程2年で後輩の鬼頭雅弘さん（現在、名古屋大学）がこの2号機を使って、亜鉛をドーピングした窒化ガリウムの結晶を作り、p型半導体作りに挑んでいました。

「p型半導体を絶対に作るぞ！」と意気込んで、1985年から88年までの4年間、亜鉛をドーピングする実験を続けましたが、ずっと鳴かず飛ばずで進展がありませんでした。このころ学会ではガリウムヒ素やセレン化亜鉛という結晶が注目され、私たちが実験をしていた窒化ガリウムは、まったくと言っていいほど注目されませんでした。学会の中に10個ほどのセッションがありましたが、窒化ガリウムは「その他の結晶」というセッションに組み込まれ、しかも時間は午後の4分の1だけとか。そんな扱いでしたね。

記憶に残っているのは、1987年、私が博士課程2年のときに参加した応用物理学会です。窒化物のセッションには、私たちと別の研究室の2グループしか参加していませんでした。別の研究室が最初に発表をしたのですが、自分たちの発表が終わったら関係者がみんな部屋の外に出て行ってしまったのです。私が発表するときには、部屋に残っていたのは4人だけでした。そのうち3人は、赤崎先生と私と座長です。純粋に発表を聞いてくれたのはたった1人だけ。たまたま行くところがなくて残ってしまった人だと思います。発表後に座長が「質問は」と聞いても当然誰からも手が挙がらず、その人が申し訳なさそうにひとつだけ質問してくれました。「大変ですね」とかそんなことを（笑）。

◆NTTのインターンに参加「冷たい光」を見る

その後、赤崎先生に勧められて企業のインターンシップに参加しました。そのころ私はあまりにも実験ばかりしていたので、あいつは偏りすぎていると思ったんでしょうね。大学ばかりで過ごすのではなく、少しは社会の風に触れて外の空気を吸ってきたほうがよいということだったと思います。選んだ企業はNTTでした。当時NTTの研究施設には、赤崎研究室にはない「カソード・ルミネッセンス」の実験装置がありました。この装置を使って実験をしてみたいという思いもあり、インターンシップに参加することにしました。

カソード・ルミネッセンスとは何でしょうか。ルミネッセンスとは光のことですが、正確には「冷光」と訳されます。なぜ「冷たい」と言われるのでしょうか。第1章で話した、LEDが白熱電球に比べて効率が良い理由を思い出してください。白熱電球は、熱を持った物体がその温度に見合った光を放つ「熱放射」の現象を利用して、光を放っていました。

それに対して、半導体はどのように光を放つのでしょうか。エネルギーバンド図を使った説明を思い出してください。半導体には電子が詰まった価電子帯と電子が空っぽの伝導帯があり、その間のエネルギーの差がバンドギャップでした。この半導体にバンドギャップより大きなエネルギーを与えると、価電子帯にある電子が伝導帯に移動します。しかし、しばらくすると「ストン」と価電子帯に落ちて戻ってきます。そのときに、バンドギャップに見合った波長の光が放たれるのです。その光は熱放射による光ではなく、熱を介さずに直接電気を光に変えています。だから「冷光（ルミネッセンス）」と呼ばれているのです。

ルミネッセンスは、半導体にエネルギーを与える方法により、呼び方が決まっています。光を当ててエネルギーを与えたときの光を「フォト・ルミネッセンス」、電流を流してエネルギーを与えたときの光を「エレクトロ・ルミネッセンス」、そして電子線（高速に放射した電子の流れ）を当ててエネルギーを与えたときの光を「カソード・ルミネッセンス」と呼んでいるのです。

実際のカソード・ルミネッセンスの実験では、結晶に電子線を当てたときに放たれる光を詳しく調べます。すると結晶に含まれる不純物や欠陥の濃度などが分かるので、結晶の品質を調べることができます。一般的に結晶の品質が良いほどよく光ります。

◆最後の一日だけ自由に実験目にも鮮やかな青い輝きに

インターンシップでは、ガリウムヒ素（GaAs）という結晶に電子線を当てて品質を評価する、カソード・ルミネッセンスの実験をずっとしていました。インターンの期間は2週間。毎日のように同じ実験を繰り返し、最後の一日だけ装置を自由に使わせてもらうことができました。

私はさっそく赤﨑研究室で作った亜鉛をドーピングした窒化ガリウムの結晶を、カソード・ルミネッセンスで評価してみました。すると、とても不思議なことが起こったんです。その装置には直径10センチメートルほどの丸い小窓があって、そこから結晶のようすを覗いて観察していました。窒化ガリウムの結晶に電子線を当てると、青いカソード・ルミネッセンスの光が見えるのですが、最初はぼんやりとしか光っていませんでした。それが、電子線を当て続けると、どんどん明るくなってきて、やがて非常に強く、目にも鮮やかな青い輝きを放つようになったのです。

私は電子線を当てる場所を変えて何回も実験を繰り返し、時間によって光の強さがどう変わるかを測りました。念のために別の結晶でも実験をしてみましたが、電子線を当てると同じように光が強くなりました。特定の結晶だけではなく、一般的に起こる現象だと分かったので、「これで間違いない！」と興奮しました。

なぜ電子線を当てたら、カソード・ルミネッセンスの青い光が強くなったのでしょうか。じつは、当時も今も正確には分かっていないのですが、不純物として混ぜたアクセプターに水素原子がくっついてしまい、結晶の中でうまくホールが動けなかったのではないか。しかし、電子線を当てることで邪魔をしていた水素原子が取れて、ホールが動けるようになったのではないかと考えられています。私はこの不思議な現象を「低加速電子線照射」と名付けました。英訳すると、Low-energy electron beam irradiation なので、頭文字をとって「ＬＥＥＢＩ（リービ）」と言います。しかし、じつはあとになって、私が発見する5年前の１９８３年に、すでにモスクワ大学の方が見つけていたことが分かりました。

◆最適な材料との運命の出会い

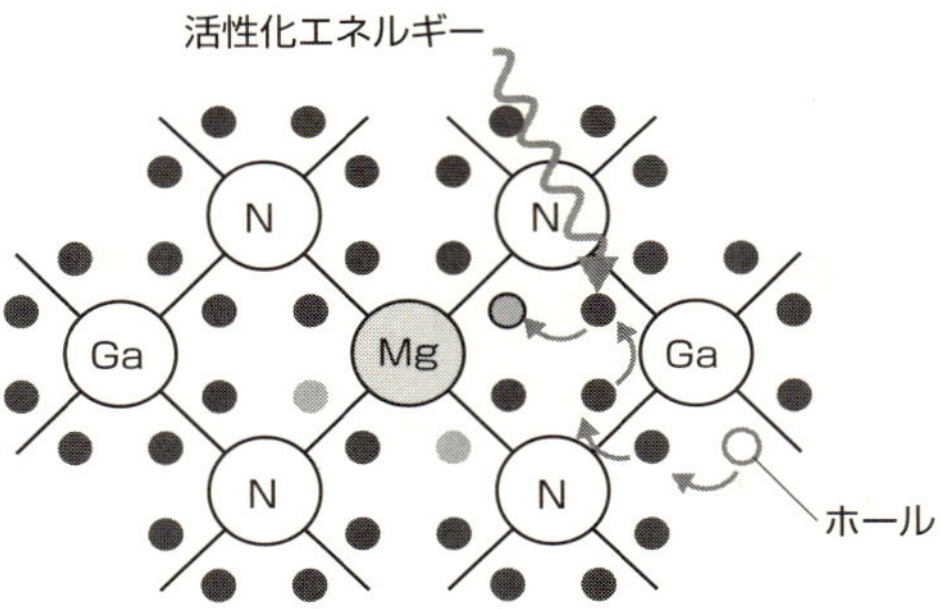
エネルギーを受け取った電子が次々とホールに移動
することでホールが動いて**p型半導体**になる

図3.3　不純物が電子を取り込むとホールが動くように見える

ＮＴＴでのインターンを終えて研究室に戻った後で、運命の出会いがありました。大学で助手になったので、授業のテキストを探そうとＪ・Ｃ・フィリップスの『半導体結合論』という本をパラパラ眺めていました。そのときに、あるグラフが目に飛び込んできたのです。そのグラフとは「活性化エネルギー」。つまり、不純物がイオンになって活性化するためのエネルギーです。

ｐ型半導体を作るためには、厳密に言うと、一番外側の殻の電子が１個少ない不純物である「アクセプター」を混ぜるだけでは十分ではなく、混ぜた不純物が電子を１個取り込んで初めて結晶の中にホールができます（図３・３）。つまり、アクセプターの不純物がイオン化しないといけないのです。その不純物がイオン化するエネルギーが「活性化エネルギー」です。つまり、活性化エネ

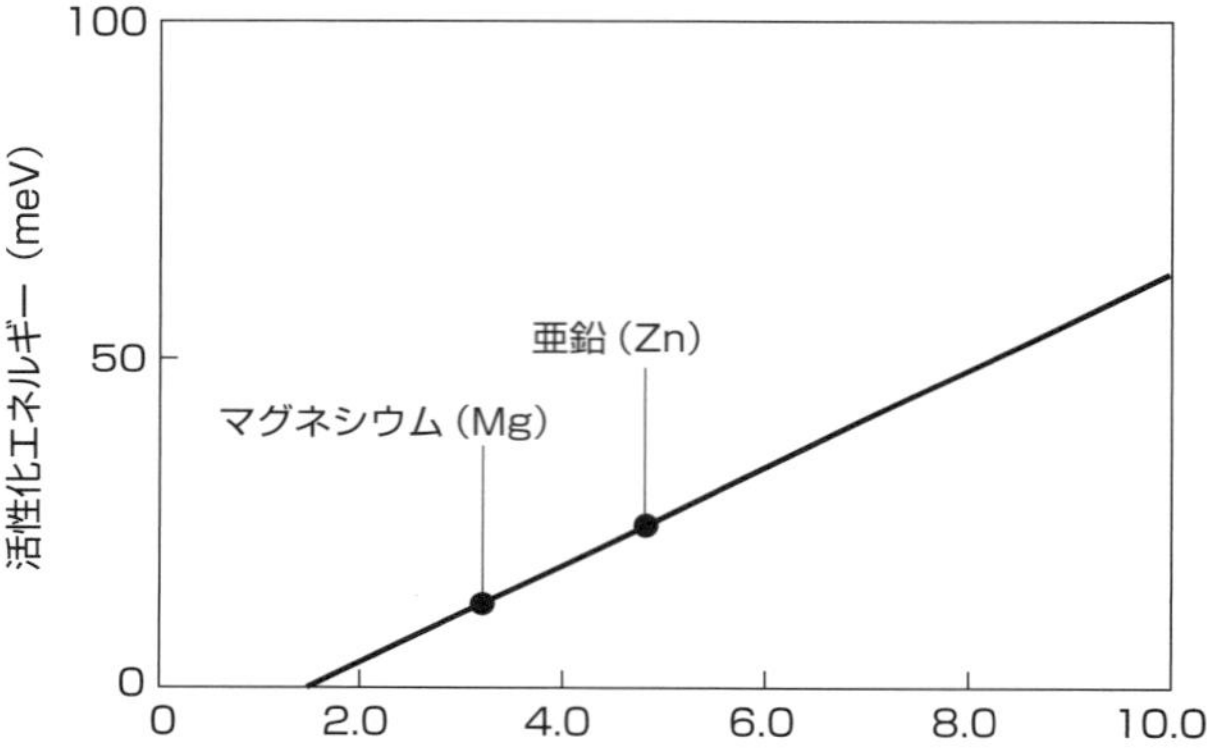

図3.4 活性化エネルギーのグラフ

ルギーが小さい不純物を用いたほうが、不純物がアクセプターとして機能しやすく、よりp型半導体ができやすいのです。

それでは、実際に活性化エネルギーのグラフを見てみましょう（図3・4）。横軸が電子親和力の二乗を100倍した値で、縦軸が活性化エネルギーの大きさです。亜鉛の活性化エネルギーは約25ミリエレクトロンボルトです。実験をしている当時は、「窒化ガリウムに対する不純物は亜鉛じゃなきゃだめだ」という雰囲気がありました。しかし、たくさん論文を読んでいると、中には「マグネシウム（Mg）」をドーピングする研究者もいることに気付きました。マグネシウムの活性化エネルギーを見てみると、約13ミリエレクトロンボルト。じつは、マグネシウムのほうが亜鉛よりも活性化エネルギーが小さかったのです。

私はマグネシウムのほうが絶対に良いと確信し、赤﨑先生に頼んでマグネシウムをドーピングする原料を買ってもらいました。マグネシウムの原料は50万円ほどとすごく高く、しかも輸入品だったので、注文してから届くまでに8ヵ月ほどかかりました。待っている間は、論文をたくさん読みました。当時は窒化ガリウムに関係する論文は、全部で数百本ほどしかなかったので、英語で書いてある論文にはすべて目を通しました。ロシア語やドイツ語の論文も、英語に翻訳されたものは読んでいました。

◆「そんなもん面白くないよ！」崖っぷちのポスター発表

しばらくして原料が届いた後、マグネシウムをドーピングした窒化ガリウムの結晶を作りました。そして、その結晶でも電子線を当てるとカソード・ルミネッセンスの青い光が強くなるという現象が、同じように起こったのです。

この研究成果について、１９８９年の秋に学会で発表しました。軽井沢で開かれたガリウムヒ素シンポジウムです。学会で発表するときには、まず伝えたいことを端的にまとめた要旨を提出するのですが、「マグネシウムをドーピングした窒化ガリウムの結晶に電子線を当てると、青い光が強くなる」という内容で申し込みました。いわゆる「ＬＥＥＢＩ（低加速電子線照射）」の現象です。

その学会には、申し込みがあった内容について、発表すべきものかどうかを決めるプログラム委員会というものがありました。本当は赤﨑先生が委員として出席するはずでしたが、先生のご都合が悪くなり、代わりに私が参加することになりました。委員会の審査が進み、やがて私の論文の番になったときのことです。「そんな論文は入れるべきじゃない。そんなもん面白くないよ！」。ある委員に徹底的に叩かれ、私のアブストラクト（論文の要旨）が落とされてしまったのです。当時はバンドギャップが大きい窒化物のような材料は、受け入れられていませんでした。

こうして一度は発表できなくなってしまったのですが、奇跡的にたまたまポスター発表のキャンセルが出て、一枠だけ空きができました。「自己申告でもいいから、入れたい論文があれば手を挙げてください」。委員長が言いました。私は恥ずかしながら、自分の論文を入れてもらえるように手を挙げました。

キャンセルが出なかったらポスター発表すらできないところでしたが、運良く滑りこむことができました。委員長が「まぁポスターならいいじゃないですか」と言って、反対していた委員を説得してくれたんです。委員長の先生にはとても感謝しています。その委員会での経験を経て強く思いました。青く光るだけでは納得してもらえない、鬼頭くんと一緒に頑張って、シンポジウムの発表までにはｐ型半導体を実現しないといけない、と心に刻みました。

◆ついに「ｐ型」が完成！　しかし……日本での反応はいまいち

私たちは、マグネシウムをドーピングした窒化ガリウムの結晶がｐ型半導体になっているかどうかを確かめるために、「ホール効果」という実験をしました。

ホール効果というのは、電流を流している物体に磁場をかけたときに起きる現象です。図3・5のような直方体の物体に、上方向に磁場をかけながら矢印の方向に電流を流してみましょう。読者の皆さんには中学生のころを思い出してもらいたいのですが、左手がつりそうになりながら指を広げて、「電・磁・力」と言っていたのを覚えていますか。「フレミング左手の法則」です。つまり、電流を流している物体に磁場をかけると、それらと垂直な決まった方向に力がはたらくという法則です。

ところで電流の正体は、マイナスの電気を帯びた「電子」や、プラスの電気を帯びた「ホール」の流れです。つまり、直方体の手前の面をＰ面、奥の面をＱ面と名付けると、電子やホールがＰ面の方向に力を受けて、進む方向を曲げられてしまいます。

電流の正体が「電子」の場合は、Ｐ面に電子が偏ってマイナスの電気を帯びて、反対側のＱ面がプラスの電気を帯びるので、Q面からP面に向かって電場が生じることになります（図3・5A）。このような現象をホール効果と呼んでいます。

電流の正体が「ホール」の場合はどうでしょうか。このときは電子のときと逆で、P面にホールが偏ってプラスの電気を帯びて、反対側のQ面がマイナスの電気を帯びるので、P面からQ面に向かって電場が生じることになります（図3・5B）。つまり、ホール効果で生じた電場の向きを観測することで、電流の正体が「電子」なのか「ホール」なのかが判別できる。その結晶が「n型半導体」なのか、「p型半導体」なのかが判別できるのです。

そして肝心の結果ですが……マグネシウムを入れただけでは、p型半導体になりませんでした。しかし、電子線を当ててLEEBI処理をしたら、なんとp型半導体ができていたのです。

当時、赤﨑研究室にはLEEBI処理ができる装置はありませんでした。そのため、私たちと一緒にLED開発に取り組んでいた愛知県のメーカー「豊田合成」まで、スクーターを1時間ほど走らせて装置を借りに行っていました。試料1枚を処理するのに、8時間ほどかかりました。

p型半導体を作るためには、マグネシウムを混ぜる濃度をとても正確に制御しなくてはいけないからです。私たちは幸運にも、最初のほうの実験でたまたまうまくいったのですね。その後もドーピングするマグネシウムの濃度を変えながら、実験を繰り返しました。私と鬼頭くんは、合わせて何千回も実験したと思います。

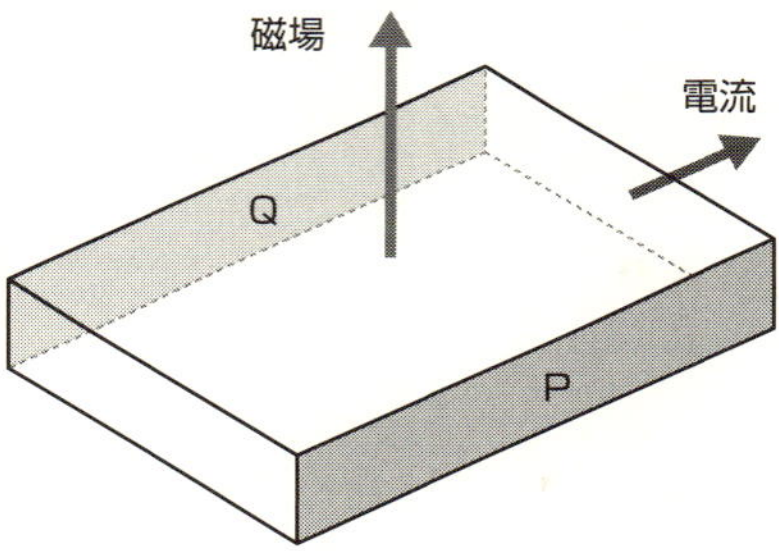

A 電流の正体が「電子」の場合

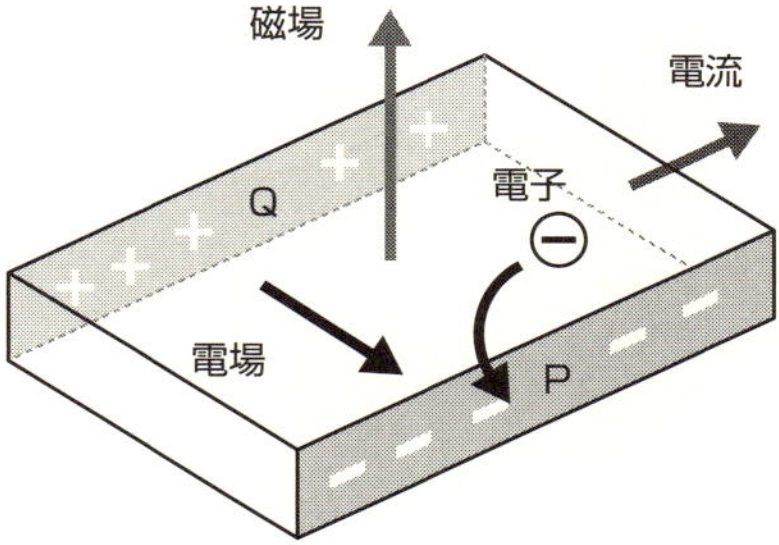

B 電流の正体が「ホール」の場合

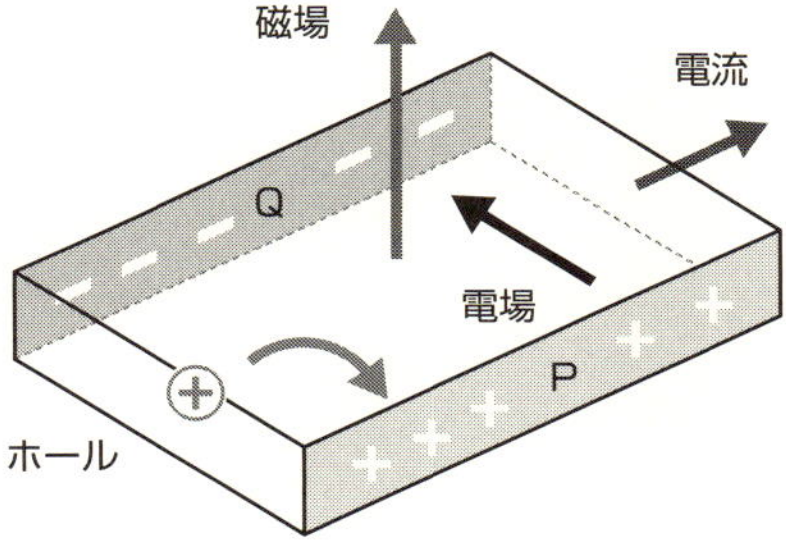

図3.5「ホール効果」でp型かn型かが分かる

1989年9月、私は満を持して先ほど話したガリウムヒ素シンポジウムに参加し、p型半導体ができたという内容のポスター発表をしました。しかし、残念ながら反響はほとんどありませんでした。300人ほどの研究者が参加していたと思いますが、真剣に話を聞いてくれたのはたった1人。同じように窒化ガリウムに関係する研究に取り組んでいた、NTTの松岡隆志先生（現在、東北大学金属材料研究所）だけでした。まったく話題にはならなかったのです。

しかし、海外での反応は違っていました。中国の北京で開かれたルミネッセンス国際会議でのことです。発表したとたん、いろいろな人が興味を持ってくれました。たまたま江崎玲於奈先生が出席されていました。江崎先生は、私が発表を始めたときは一番後ろで聞いておられたのですが、途中でつかつかと前に出てきて、一番前の席で聞いてくださったんです。そのうえ、終わると「面白い発表だったね」と声をかけてくださいました。今でも記憶に残っています。

◆世界初のｐｎ接合型の「青」「ようやくできた。これで信用してもらえる」

このように、窒化ガリウムのｐ型半導体ができても、日本ではあまり注目されませんでした。こうなったらもう、実際にｐｎ接合を作って光らせるしかない。そうすれば、みんなに信用してもらえると考えました。そうして作ったのが、図3・6のような結晶です。

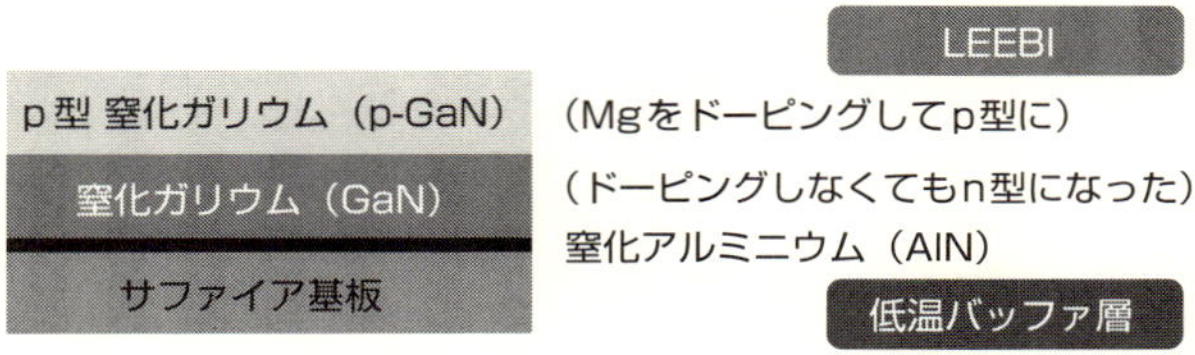

図3.6　世界初のpn接合型の青色LEDの結晶構造

作り方はまず、サファイア基板の上に窒化アルミニウムの低温バッファ層を成長させ、その上に窒化ガリウムを成長させます。当時はこの不純物を加えていない窒化ガリウムが、ｎ型半導体になってしまっていたのです。そしてその上に、マグネシウムをドーピングしたｐ型の窒化ガリウムの結晶を成長させ、電子線を当て続けました。これまでの実験で培った「低温バッファ層」の技術と「ＬＥＥＢＩ」の現象を組み合わせたｐｎ接合の結晶です。

　結晶が完成したので、次に電極をつけて電流を流したいのですが、ひとつ問題がありました。サファイア基板が絶縁体なので、電流が流れないのです。そこで、ペン先にダイヤモンドがついているダイヤモンドペンという道具を使いました。サファイア基板をギコギコと削って傷をつけて上から力を加えると、結晶がきれいに「パカッ」と割れるんです。むき出しになった結晶の側面と、結晶の上面に電極をつけて電流を流したら、まだまだ弱々しい光ですが青く光りました。すぐに赤崎先生を呼んで見ていただきました。赤崎先生は目を細めて結晶を眺め、こう言いました。「どこで光ってるの？」。光ることは光ったのですが、とても暗かったのです。

第1章で、ＬＥＤが光る色はバンドギャップのエネルギーと関係していると話しました。エネルギーバンドの図で考えると、伝導帯にある電子が価電子帯に落ちるときに、その落ちたぶんのエネルギーに見合った光が放たれます（図3・7）。窒化ガリウムのバンドギャップは約3・4eVで、このエネルギーに見合った光は紫外線。つまり、私たちの目には見えない光です。では先ほど見えた青い光の正体は何だったのか。エネルギーバンドの図を使って考えてみましょう。

マグネシウムをドーピングしたｐ型半導体のエネルギーバンドは図3・8のようになります。「1・1　ＬＥＤは何でできているのか」で説明したように、ｐ型半導体の不純物を混ぜると、価電子帯のすぐ上に不純物の準位ができます。じつは、先ほどの青い光は、伝導帯の電子が価電子帯に落ちたエネルギーの光ではなく、伝導帯の電子がマグネシウムの不純物の準位に落ちたエネルギーの光だったのです。この場合は、バンドギャップよりもエネルギーが小さくなるので、より波長が長くなって青い光を放つわけです。しかし、その光が弱くてよく見えなかった。そこで、マグネシウムを混ぜる濃度をいろいろと変えて実験を重ね、一番良く光る濃度を探しました。

図3・9は、ＬＥＤがどの波長の光をどれほどの強さで放っているかを表した「発光スペクトル」と呼ばれるグラフです。370ナノメートルあたりのところに一番鋭いピークがあります

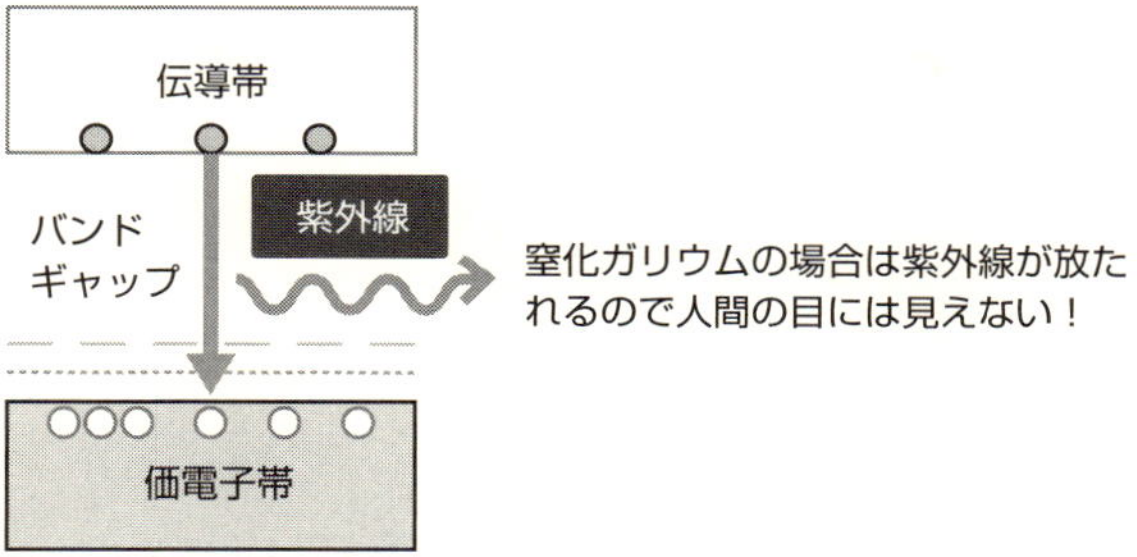
伝導帯
バンド
ギャップ
紫外線
窒化ガリウムの場合は紫外線が放たれるので人間の目には見えない！
価電子帯

図3.7 窒化ガリウムのバンドギャップの光は紫外線なので見えない

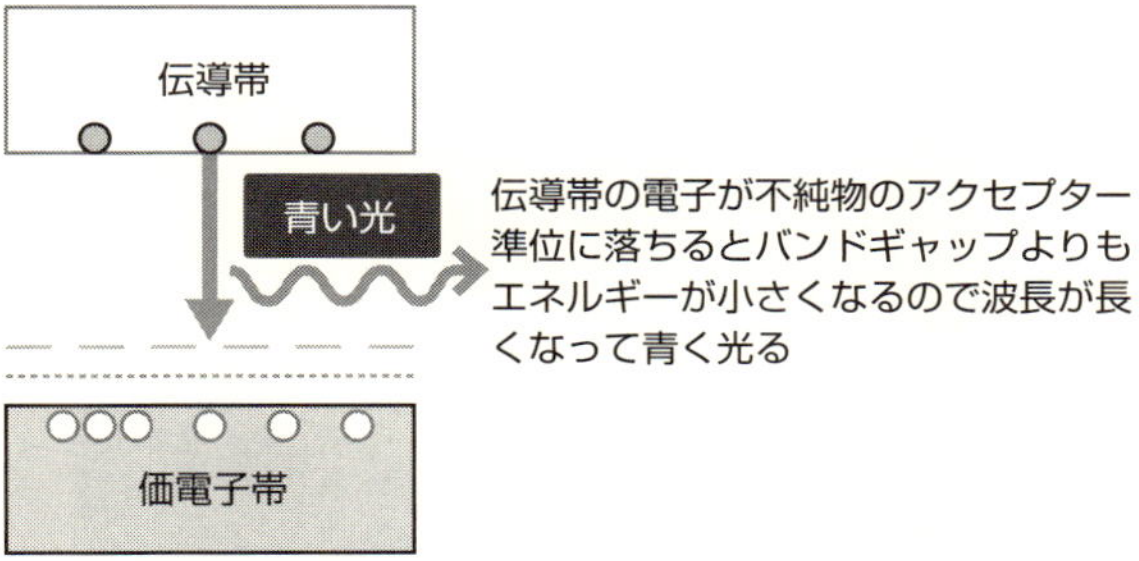
伝導帯
青い光
伝導帯の電子が不純物のアクセプター準位に落ちるとバンドギャップよりもエネルギーが小さくなるので波長が長くなって青く光る
価電子帯

図3.8 電子が不純物の準位に落ちると青く光る

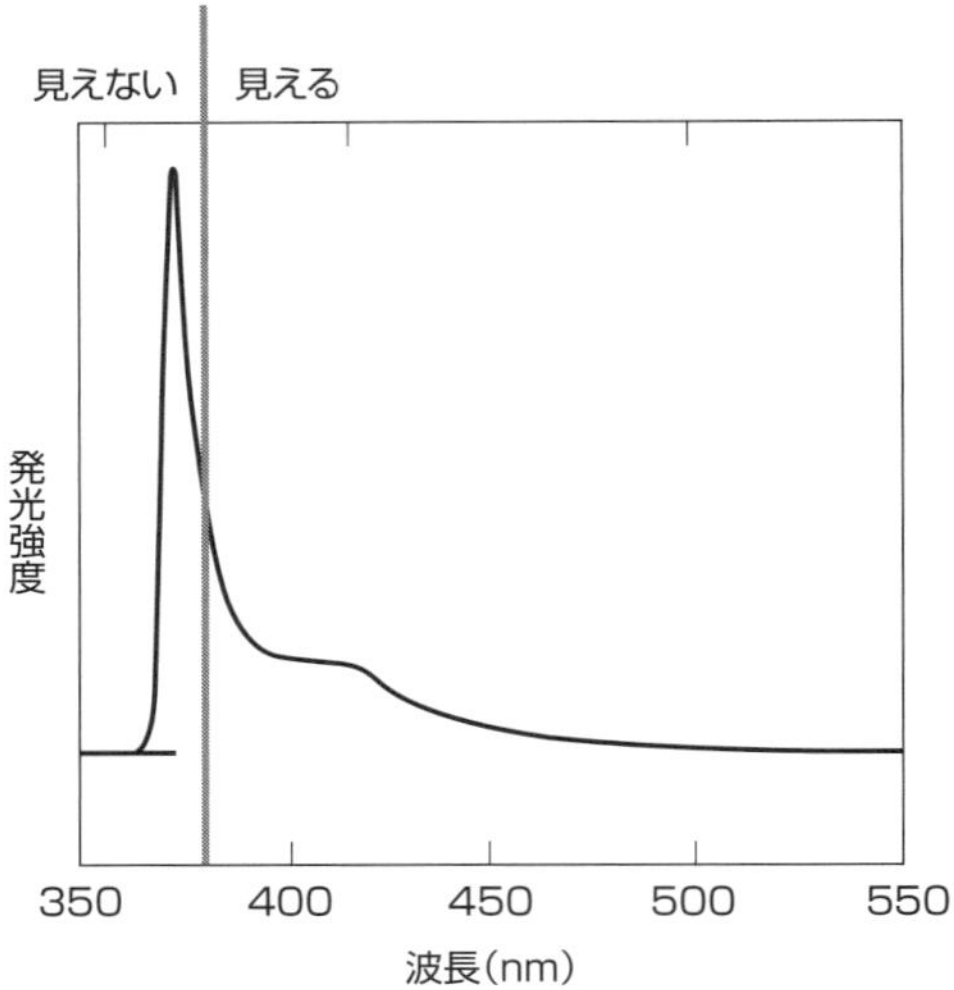

図3.9 青色LEDの発光スペクトル
（出典：J.Appl. Phys. 28, L2112）

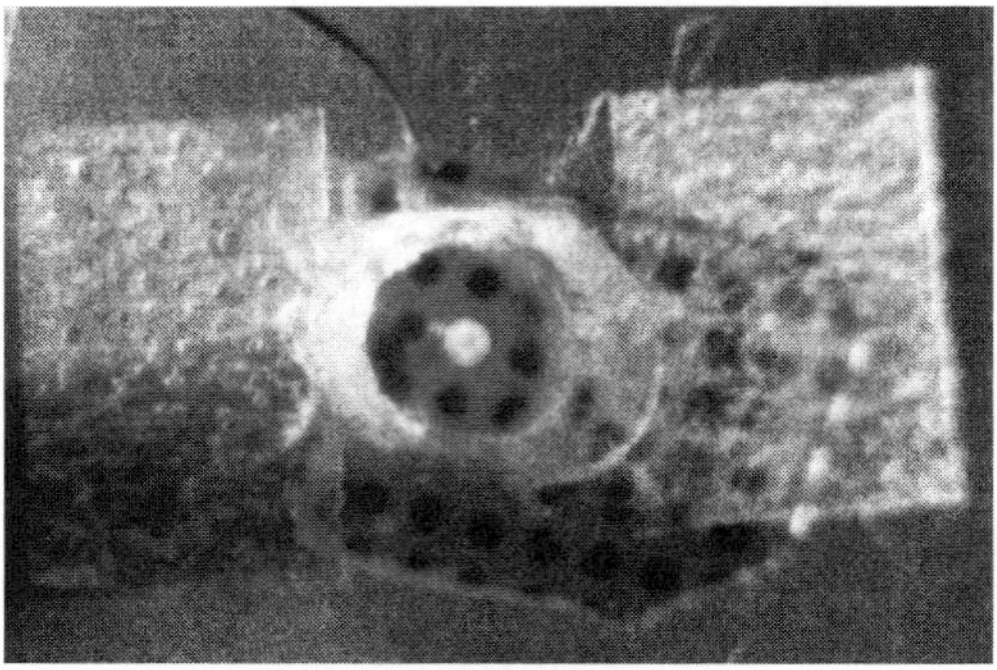

図3.10 世界初のpn接合型の青色LEDの光
（写真提供・名古屋大学赤﨑記念研究館）

が、波長が380ナノメートルより短い光は紫外線なので見えません。私たちが見える青い光は、その右隣にある420ナノメートルあたりで少しだけ盛り上がっている光です。そして、たどり着いた結晶が図3・10です。世界初のｐｎ接合型の青色ＬＥＤです。「ようやくできた。これで信用してもらえる」。ホッとした瞬間です。

3.2 より明るい「青」を求めて

◆世界初のｐｎ接合の「青」はなぜ暗かったのか

前節では、窒化ガリウムの結晶で作った世界初のｐｎ接合型の青色ＬＥＤができるまでを話しました。たしかに青く光ったのですが、実用化するにはまだまだ明るさが足りませんでした。

本節では、窒化ガリウムの青色ＬＥＤをより明るくして、実用化させるまでの研究の話をしたいと思います。青色ＬＥＤをより明るく光らせるためには、どうしたらよいのでしょうか。

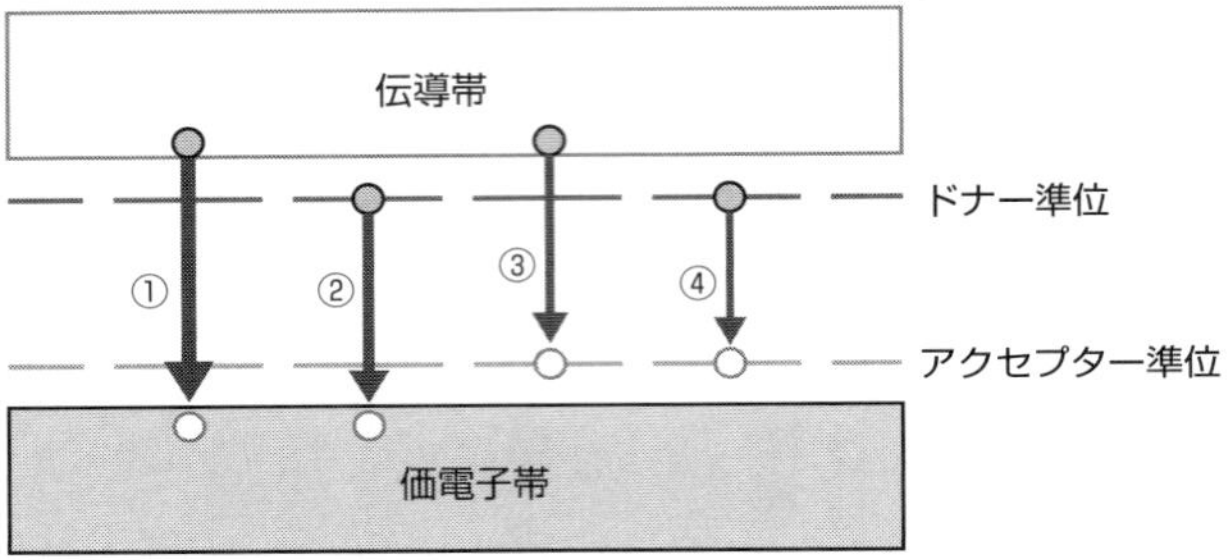

①「伝導帯」から「価電子帯」に落ちる
②「ドナー準位」から「価電子帯」に落ちる
③「伝導帯」から「アクセプター準位」に落ちる
④「ドナー準位」から「アクセプター準位」に落ちる

図3.11 pn接合型のLEDの光にはいくつかの種類がある

じつは、ｐｎ接合型のＬＥＤが放つ光には、いくつかの種類があります。エネルギーバンドの図で考えると、ｐｎ接合には図３・11のように伝導帯と価電子帯があり、さらにｐ型半導体にはアクセプター準位が、ｎ型半導体にはドナー準位があります。したがって、「電子がどこからどこに落ちるのか」によって、光の種類が分けられるのです。

１つ目は、伝導帯から価電子帯に落ちたときの光。バンドギャップのエネルギーに見合った波長の光が放たれます。２つ目は、ドナー準位から価電子帯に落ちたときの光。３つ目は、伝導帯からアクセプター準位に落ちたときの光。４つ目は、ドナー準位からアクセプター準位に落ちたときの光です。２、３、４番目の光は、バンドギャップよりも小さなエネルギーの光なので、波長が少しだけ長くなります。

それでは次に、「先ほどの世界初のｐｎ接合型の青色ＬＥＤの光は、なぜ暗かったのか」について考えてみましょう。

私たちが最初に作り出した光は、図３・11の１番目と３番目の光が混ざったものでした。つまり、窒化ガリウムのバンドギャップのエネルギーに見合った光と、マグネシウムの不純物によるアクセプター準位に落ちる光の２種類です。

前節でお話ししたように、窒化ガリウムのバンドギャップは約３・４eVで紫外線になってしまうので、１番目の光は私たちの目では見ることができません。しかし、３番目の光は少しだけエネルギーが小さいので、波長が少しだけ長い青い光が放たれる。つまり、先ほど見えた図３・10の青い光は、３番目の「伝導帯の電子がアクセプター準位に落ちたときの光」だったのです。ただし、この光はある程度より明るくはならないことが分かっていました。なぜなら、アクセプター準位にあるホールの数に限りがあるため、伝導帯から落ちてくる電子の数にも限界があるからです。

一方、１番目のバンドギャップのエネルギーによる光は、電流を流せば流しただけ電子とホールを供給できます。つまり、電流をたくさん流すほど、電子が伝導帯から価電子帯に落ちるので、より明るく光らせることができます。ｐｎ接合型の青色ＬＥＤを明るくするには、「バンドギャップのエネルギーによる光を利用すること」が大切なのです。しかし、前述のとおり、窒化ガリウムのバンドギャップによる光は紫外線で、私たちの目には見えません。では、どうすればいいか。窒化ガリウムのバンドギャップを「ある方法」で小さくしてしまえばよいのです。

◆バンドギャップを小さくする「ある方法」とは？

窒化ガリウムのバンドギャップを小さくする「ある方法」とは何でしょうか。いきなりですが、読者の皆さんはどのようなコーヒーが好きでしょうか。コーヒーの苦味や酸味をダイレクトに楽しむために、何も加えないブラックでしょうか。それとも、味を少しまろやかにするために、ミルクを混ぜるでしょうか。コーヒーの味はミルクを混ぜる量に比例して、どんどんまろやかになっていきますよね。じつは2種類の半導体を混ぜる場合も、その混ぜた割合に比例して性質が変わっていくんです。このように複数の半導体を混ぜた結晶を「混晶」と呼んでいます。

具体的に話しましょう。図3・12を見てください。横軸が格子定数、縦軸がバンドギャップエネルギーの大きさです。窒化ガリウム（GaN）に注目すると、バンドギャップエネルギーは約3・4eVだと分かります。私たちは今、窒化ガリウムのバンドギャップを小さくしたい。つま

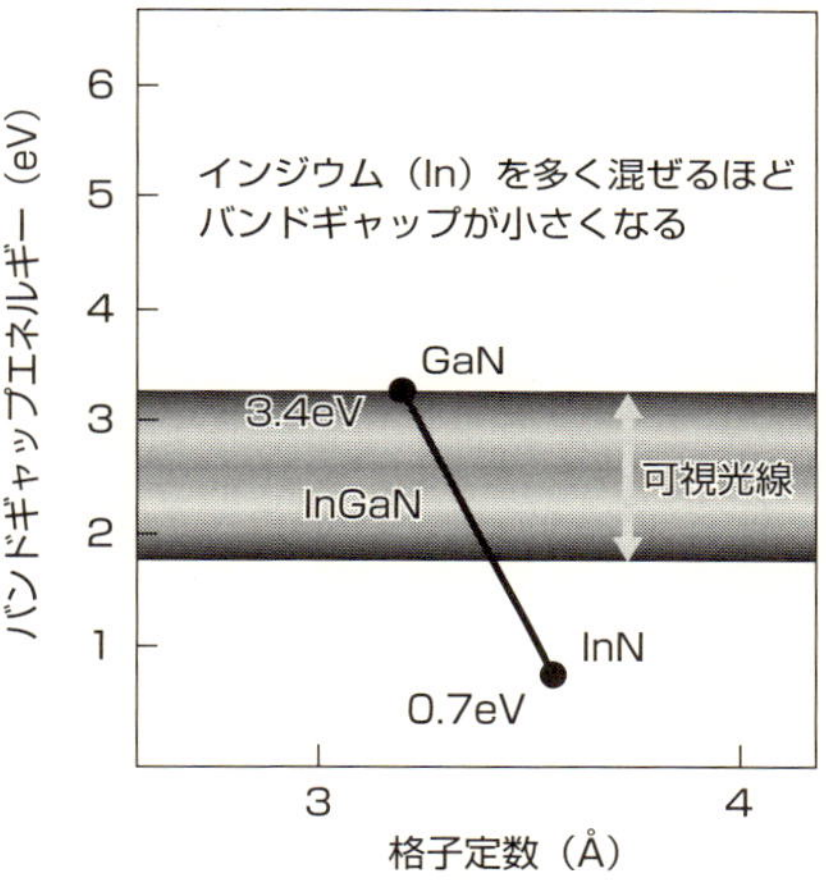

図3.12　インジウムを混ぜるとバンドギャップが小さくなる

り、「バンドギャップエネルギーが窒化ガリウムよりも小さい半導体を混ぜればよい」はずです。

そこで注目されたのが、窒化インジウム（InN）です。図3・12を見ると、窒化インジウムのバンドギャップエネルギーは約0・7eV。つまり、窒化ガリウムに窒化インジウムを混ぜれば混ぜるほど、バンドギャップエネルギーが小さくなり、0・7eVに近づいていきます。そこで、窒化ガリウムと窒化インジウムを混ぜた「窒化インジウムガリウム（InGaN）」の混晶が注目されるようになりました。

赤崎研究室では1986年から、私の1年後輩の学生が窒化インジウムガリウムの研究を始めていました。青く光らせるためには、窒化ガリウムの結晶の中にあるガリウム原子の15パーセントほどを、インジウム原子に置き換えないといけません。しかし、当時の実験では1・7パーセントまでしか入らず、窒化インジウムガリウムの結晶がうまくできませんでした。

◆目指すは「窒化インジウムガリウム」1万6000倍のアンモニアを投入！

そこで現れたのが松岡隆志先生です。じつは、前節でも登場した人なのですが、覚えていますでしょうか。誰にも注目してもらえなかったガリウムヒ素シンポジウムでの私のポスター発表で、唯一真剣に聞いてくれた人です。松岡先生も同じ会場で口頭発表をしていて、窒化インジウムガリウムの結晶の実験成果を発表していました。

松岡先生は主に2つの工夫をしました。1つ目に「キャリアガスに窒素を使ったこと」です。MOVPE装置の話を思い出してほしいのですが、反応管の中に入れるガスは、原料ガスのほかに、原料を基板の近くに届けるためのキャリアガスも一緒に流していました。私たちの実験ではキャリアガスとして水素を使っていましたが、この水素が曲者《くせもの》だったのです。

その理由は、実験をしているころから10年ほど経った1997年ごろ、東京農工大のグループによって理論的に解明されました。水素はインジウム原子が窒化ガリウムの結晶の中に入るのを邪魔して、インジウム原子を飛ばしてしまう。だからインジウム原子がうまく結晶の中に取り込まれずに、ただの窒化ガリウムができてしまっていたのです。しかし、松岡先生の実験では、キャリアガスに水素ではなく「窒素」を使っていました。それがよかったのです。

２つ目の工夫は「アンモニアの量を多くしたこと」です。アンモニアは窒素原子を供給する原料ガスのひとつです。窒素を窒化インジウムガリウムの結晶の中に入れるには、とても高い圧力をかけないといけません。さらに、成長させる温度が高ければ高いほど、より高い圧力をかけなければいけなくなります。

そこで松岡先生は、結晶を成長させる温度を８００℃近くまで落としました。しかし、温度を下げ過ぎると原料のアンモニアが分解するスピードが落ちてしまい、供給される窒素原子の量が減ってしまいます。松岡先生は発想を転換し、アンモニアの分解速度が間に合わないならば「大量に入れてしまえ」ということで、アンモニアの供給量をインジウムの１万６０００倍にしたのです。

１９８９年、松岡先生はこの2つの工夫を実践して、インジウムが10パーセント以上入った結晶を作ることに成功しました。しかし、できた結晶はマイナス１９６℃という低温では光りましたが、室温では非常に弱い光しか出せませんでした。このように、低温ではあるけれども、青く光る窒化インジウムガリウムの結晶を初めて作ったのが松岡先生です。

◆「すごい人が出てきたなぁ」。中村先生の登場
ガスでガスを抑えこむ「ツーフロー」

赤﨑研究室でも、窒化インジウムガリウムの結晶を作ろうと頑張っていましたが、なかなかうまくいきませんでした。そうこうしているうちに、赤﨑先生が名城大学に移ることになり、私もお供させていただくことになりました。研究室の移転で、1年ほど実験ができませんでした。

そのときに出てきたのが、日亜化学工業（当時）の中村修二先生です。すごい発表をガンガンしだしたのです。中村先生が窒化ガリウムの結晶を作る実験を始めたのが、1989年ごろだと思います。中村先生も私たちと同じようにMOVPE装置を使って実験を始めました。

私たちが実験装置を作ったときの話にも出てきましたが、結晶を成長させる基板のまわりは1000℃近くの高温になっています。そのため、原料ガスが基板の近くに向かうと、熱対流で「ファー」と舞い上がってしまうという難点がありました。そこで中村先生が考えたのが「舞い上がるガスを、ガスで抑えこむこと」でした。

図3・13は、中村先生が使っていた実験装置の模式図です。主な特徴は、反応管の中に入るガス管の向きが、基板に対して垂直のものと平行のものと2種類あることです。窒化ガリウムの原料ガスであるトリメチルガリウムとアンモニア、そして原料を運ぶキャリアガスの水素を、基板

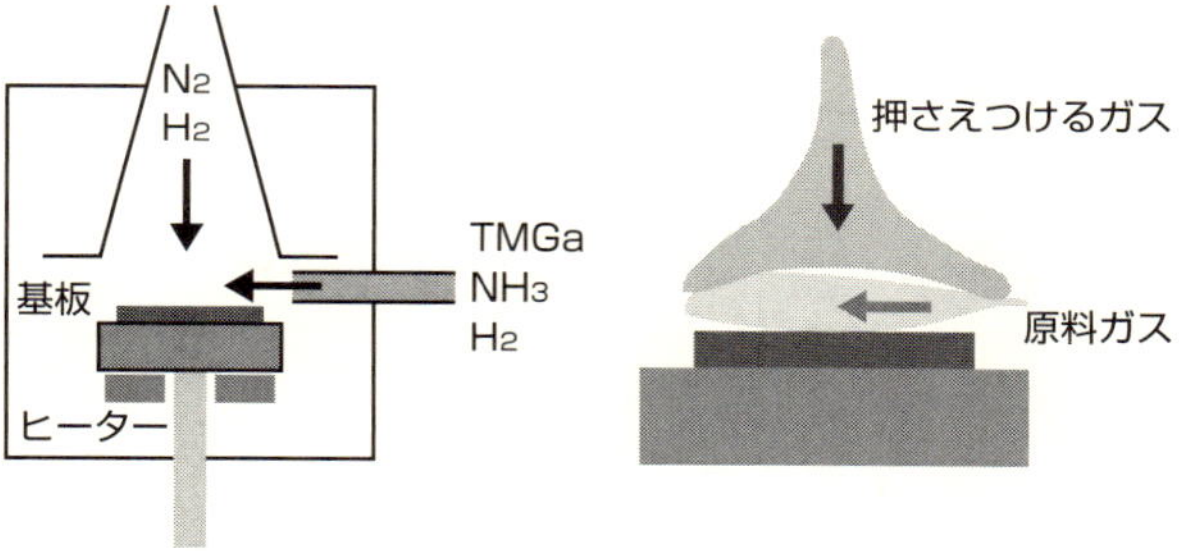

図3.13 ツーフローMOVPE装置の模式図

に対して平行な方向から吹き付ける。さらに、窒素と水素を混ぜたガスを、基板に対して垂直な方向から吹き付けています。高温の熱対流のために舞い上がってしまう原料ガスを、上から吹き込むガスで無理やり基板に押し付けてしまおうというアイデアのようです。２種類の方向に流れるガスを使っているので「ツーフローＭＯＶＰＥ法」と名付けていました。

その後、中村先生たちはこのツーフロー式の装置を使って窒化ガリウムの結晶作りに取り組みました。私たちと同じように、サファイア基板と窒化ガリウム結晶の間にクッションとなる層を挟む「低温バッファ層」の技術を使っていました。しかし、バッファ層に使った材料が私たちと違いました。私たちは「窒化アルミニウム」を用いましたが、中村先生は上に成長させる結晶と同じ「窒化ガリウム」を間に挟んだのです。図３・14Ａが、窒化ガリウムの低温バッファ層を挟んでいない結晶の表面、図３・14Ｂが、低温バッファ層を挟んだ結晶の表面です。写真Ａのほうは六角形の結晶の島がたくさん見えますが、

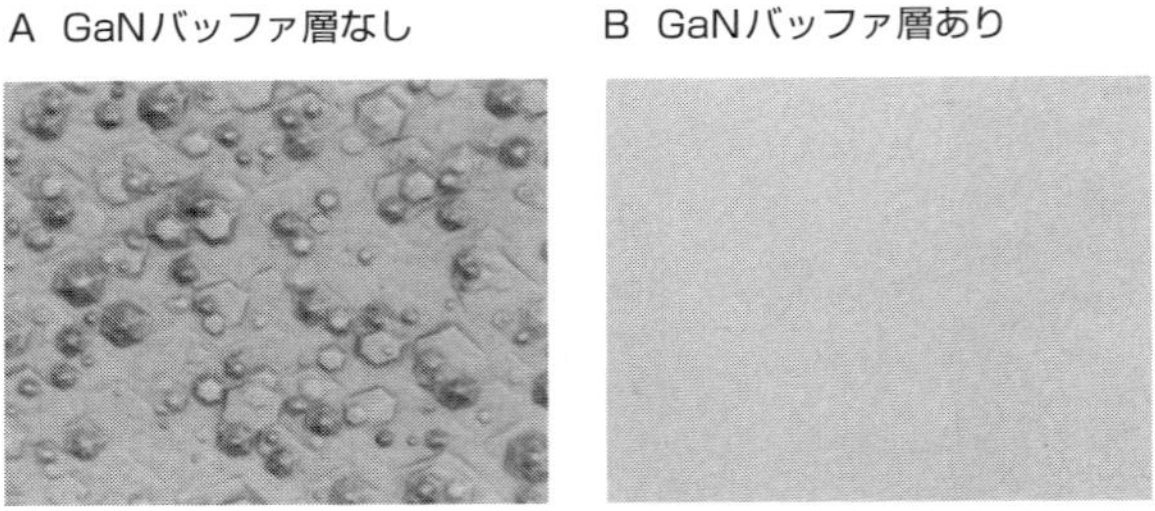

図3.14 窒化ガリウムの低温バッファ層を挟んだ結晶と挟んでいない結晶の表面の比較（写真提供・日亜化学工業株式会社）

写真Bのほうはきれいですね。

中村先生が最初に学会で発表をしたのはこのころだと思うのですが、すごい人が出てきたなぁと思い、びっくりしながら見ていました。最初は私たちの実験を追試して、窒化アルミニウムのバッファ層の話をしていました。しかし、何かうまくいかなかったのでしょう。別の機会では窒化ガリウムのバッファ層の話に変わって、「もう窒化アルミニウムのバッファ層なんてダメだ」という発表をよくされていました。「窒化アルミニウムのバッファ層はダメ。窒化ガリウムのバッファ層じゃないとダメだ」とおっしゃっていました。私は「そんなに変わらないじゃないか」と思って聞いていたのですけれどね（笑）。

当時、シリコン基板の上にガリウムヒ素の結晶を成長させる実験で、成長させたい結晶と同じガリウムヒ素を低温バッファ層として挟むという方法は、別の研究者がすでにやっていました。私が窒化ガリウムを低温バッファ層に使わなかったのは、その真似じゃないかと言われるのが嫌だったからというのもあったのです。それを正々堂々と発表されるので、逆にすごいなと思っていました。

◆「電子線なんてダメだ」熱処理で効率よくｐ型に

中村先生のグループはその後、ｐ型の窒化ガリウムを作り始めました。最初は、私たちと同じようにマグネシウムをドーピングして、電子線を当てる「ＬＥＥＢＩ」の技術を使っていました。ところが実験を重ねるうちに、電子線を当てなくても「加熱すればｐ型半導体になるのではないか」ということに気付き、「真空中か窒素の中で４００℃以上で熱処理するとｐ型半導体になる」という論文を発表しました。

図３・15は、横軸が結晶を加熱する温度、縦軸が結晶の電気抵抗率の実験データです。たしかに、４００℃以下の加熱では抵抗率が高いままですが、それより高温で加熱した場合は、抵抗率が低くなっていることが分かります。この方法の特徴は、短時間で効率的にｐ型半導体が作れること。だから、大量生産やコスト低下につながったのだと思います。

ところで、なぜ電子線を当てたり熱処理をしたりすると、ｐ型半導体ができるのでしょうか。予想されているひとつの仮説は「邪魔をしている水素が取れるから」。ｐ型の窒化ガリウムに

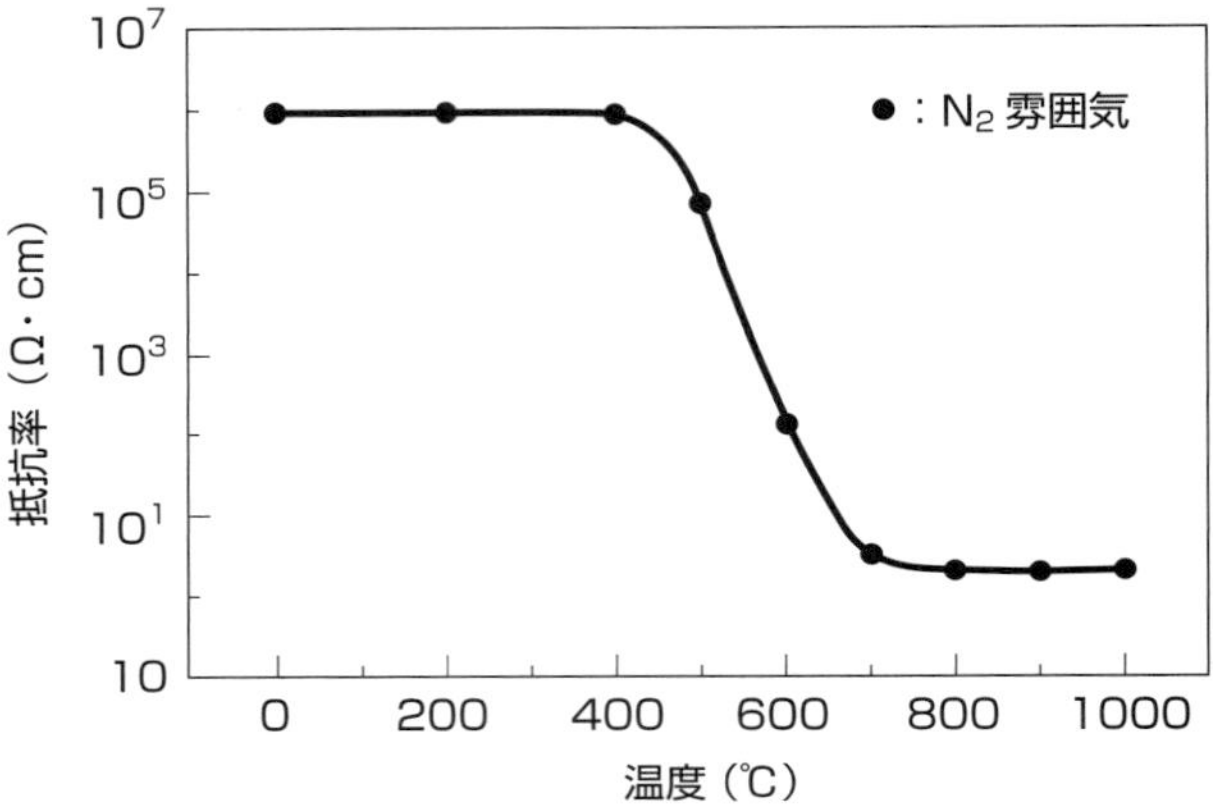

図3.15 熱処理をするとp型半導体ができる
（データ提供・日亜化学工業株式会社）

は、不純物としてマグネシウムをドーピングしています。そのマグネシウムのまわりには、水素原子が安定して存在できる場所がいくつかあるのです。その場所に水素が入ることで、マグネシウムがアクセプターの役割を果たさなくなるという考えです。

　最初は、中村先生たちも電子線を当ててp型を作っていました。それなのに熱処理の方法を見付けた途端に、「電子線照射なんかダメだ」と。電子線を当てることでp型半導体ができるという自分が発見した方法が、単なる熱でできましたという発表は、正直に言えば、当時はやっぱり面白くありませんでした。熱処理というのは、誰でも思いつくようなシンプルな方法なんです。結局それでした、というのは悔しかったです。

中村先生のグループは、次に窒化インジウムガリウムの結晶作りへと進みました。先ほど話したように、松岡先生は低温だけれども、窒化インジウムガリウムの高品質結晶を作って青く光らせました。残された課題は、「室温でも青く光る高品質の窒化インジウムガリウムを作ること」です。

中村先生は得意のツーフロー式の装置を使って、１９９２年に室温でも光る窒化インジウムガリウムの結晶を作りました。しかし、ポイントは松岡先生が考えた「キャリアガスに窒素を使うこと」と「アンモニアを大量に使うこと」の２つでした。松岡先生が使っていた実験装置は、ＬＥＤを作るための装置ではなく、さらに低温バッファ層を使っていなかった。そこで、日亜化学工業は松岡先生の考えを基にし、低温バッファ層を用いることで、室温でも光る窒化インジウムガリウムの高品質結晶ができたのだと思います。

◆「落とし穴」で電子を閉じ込めろ！バンドギャップの「サンドイッチ構造」

ついに「バンドギャップのエネルギーによる光」を利用してＬＥＤをより明るくする鍵を握る、窒化インジウムガリウムの結晶を使うときがきました。この結晶はどのように使えばよいのでしょうか。

まずは、普通のｐｎ接合の仕組みについておさらいしましょう。ｐｎ接合とは、ホールがたくさんあるｐ型半導体と、電子がたくさんあるｎ型半導体を合体させた結晶のことでした。電圧をかけるとエネルギーバンド図は図３・16のようになります。ｐ型とｎ型の境界のところで伝導帯の電子が価電子帯のホールに落ちることで、バンドギャップのエネルギーに見合った波長の光が放たれます。しかし、窒化ガリウムの場合はバンドギャップが大きく、青い光よりも波長が短い紫外線が放たれてしまうので、私たちの目に見えませんでした。

そこで、窒化ガリウムのｐｎ接合の間に、窒化インジウムガリウムの結晶を挟んでみましょう。すると、エネルギーバンド図は図３・17のようになります。窒化インジウムガリウムは、窒化ガリウムよりもバンドギャップが少し小さいので、ｐｎ接合の境界近くに、伝導帯と価電子帯のエネルギー差が小さい領域ができるのです。

それでは、この結晶に電圧をかけてみましょう。先ほどと同じようにｎ型半導体の伝導帯にある電子はｐ型半導体の方向に、ｐ型半導体の価電子帯にあるホールはｎ型半導体の方向に移動します。すると、間に挟んだ窒化インジウムガリウムのエネルギーバンドが、すっぽり空いた「落とし穴」のような役割を果たして、電子とホールを窒化インジウムガリウムの層に閉じ込めてしまいます。この落とし穴に閉じ込められた電子がホールに落ちると、バンドギャップのエネルギーに応じた波長の光が放たれます。先ほどはこの光が紫外線でしたが、今回はバンドギャップが

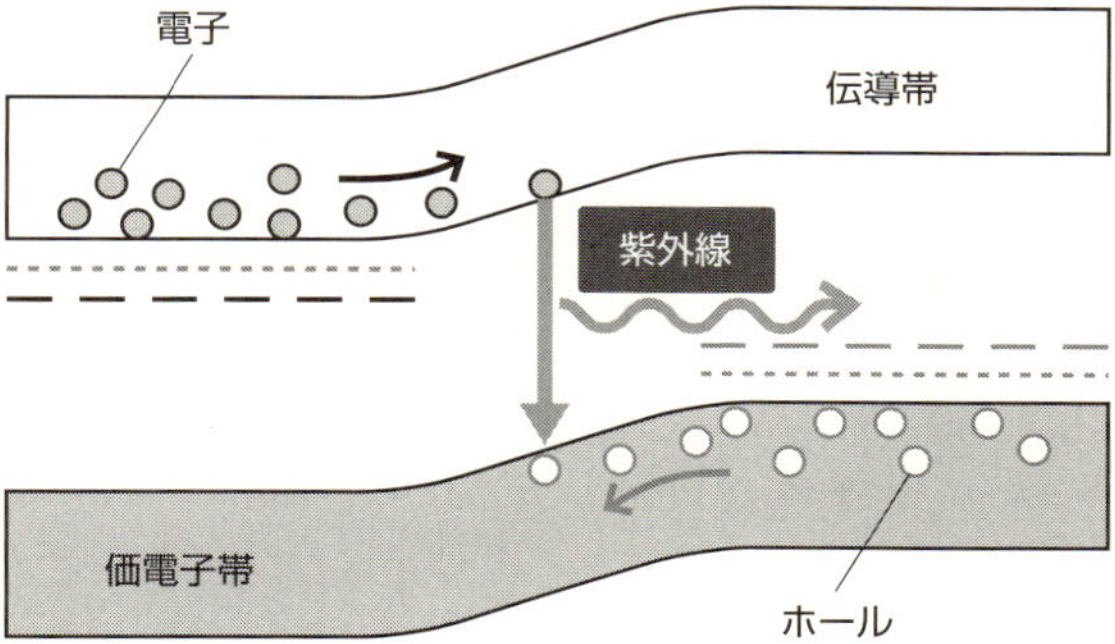

図3.16 pn接合のエネルギーバンド図
窒化ガリウムはバンドギャップが大きいため、目に見えない紫外線が放たれてしまう

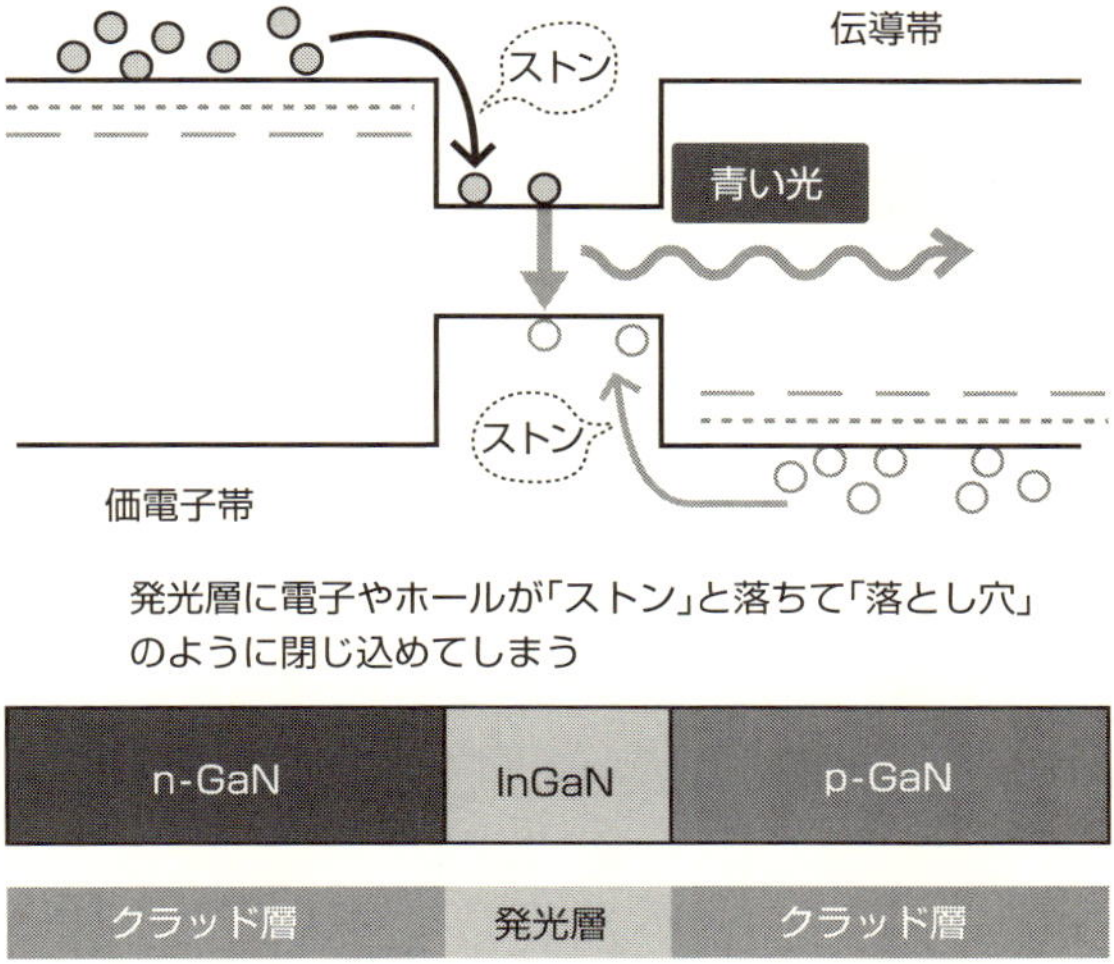

図3.17「ダブルヘテロ接合」のエネルギーバンド図
発光層の窒化インジウムガリウムはバンドギャップが小さくなっているので、光の波長が長くなり青い光を発する

小さくなっているので、青い光が放たれるという仕組みです。

このように、バンドギャップの小さな材料をバンドギャップの大きな材料で挟んだ構造を、「ダブルヘテロ接合」と呼んでいます。サンドイッチみたいに挟んだ構造をしています。バンドギャップが小さな層のことを「発光層」と言い、発光層を両側から挟むバンドギャップが大きな層のことを「クラッド層」と言います。今回の場合は、窒化インジウムガリウムが発光層で、p型とn型の窒化ガリウムがクラッド層です。

中村先生は、ダブルヘテロ接合の青色LEDを作って光らせましたが、明るさは10ミリカンデラほど。最初の青色LEDよりは明るくなりましたが、実用化するにはまだ明るさが足りませんでした。理由は、窒化インジウムガリウムです。たしかに、窒化インジウムガリウムを挟むことで、バンドギャップを小さくしました。しかし、インジウムを混ぜる量が足りなかったので、バンドギャップをわずかにしか小さくできず、まだ放っている光の大部分が紫外線だったのです。

◆不純物を混ぜて強い青色発光を

そこで、青色LEDが発する光を紫外線から青く変えるために、2つの工夫が検討されました。1つ目の工夫は「発光層に不純物を混ぜること」です。

図3・11をもう一度見てください。LEDが放つ光には「電子がどこからどこに落ちるか」によって、いくつかの種類があると話しました。赤﨑研究室が作った世界初のpn接合型の青色LEDの青い光は、不純物のアクセプター準位が関係した3番目の光だったので、明るさが足りませんでした。そこで、1番目のようなバンドギャップのエネルギーの光を利用しようと考え、バンドギャップを小さくした窒化インジウムガリウムを使いました。しかし、インジウムを混ぜる量が足りず、バンドギャップを十分に小さくすることができませんでした。結晶の中に入れるインジウムの量をさらに増やせばいいのですが、当時はこれ以上増やすのは難しかったのです。

そこで4番目の光を活用しました。つまり、不純物を混ぜたときにできる「電子がドナー準位からアクセプター準位に落ちたときの光」です。この場合は、バンドギャップによる光よりもエネルギーが小さくなるので、波長が長くなって青い光に近づきます。

具体的には、窒化インジウムガリウムの結晶に、p型半導体を作るアクセプターである亜鉛（Zn）と、n型半導体を作るドナーが混ざっていました。以前私が作った青色LEDの光は、不純物がアクセプターしかなかったので、明るさに限界がありました。しかし、不純物としてドナーとアクセプターの両方が入っていると、電子とホールのペアの数がうまく釣り合って、よく光るようになるわけです。つまり、純粋なバンドギャップによる発光ではなく、不純物の準位を利用した発光でしたが、明るく光る仕組みを使っていたのです。現在では、さらに明るく光る仕組みがあるので、この方法は使われていません。

◆100倍に明るい「青」が完成！一気に社会に浸透

そして2つ目の工夫は、「クラッド層に窒化アルミニウムガリウム（AlGaN）を用いたこと」です。混晶の話を思い出しましょう。複数の半導体を混ぜると、混ぜた割合に比例して性質が変わるというものです。

窒化アルミニウムガリウムは、窒化ガリウム結晶のガリウム原子の一部をアルミニウム原子に置き換えた結晶です。それでは、バンドギャップエネルギーの大きさの図を見てみましょう。図3・18を見てください。窒化インジウムを混ぜた場合は、混ぜる量に比例し

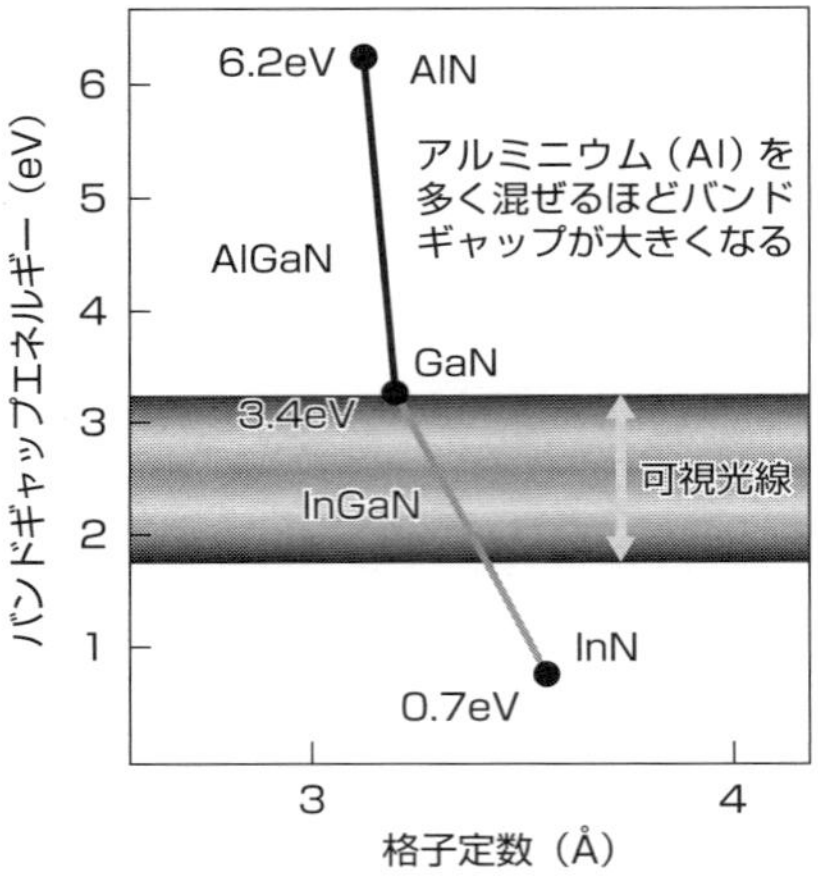

図3.18 アルミニウムを混ぜるとバンドギャップは大きくなる

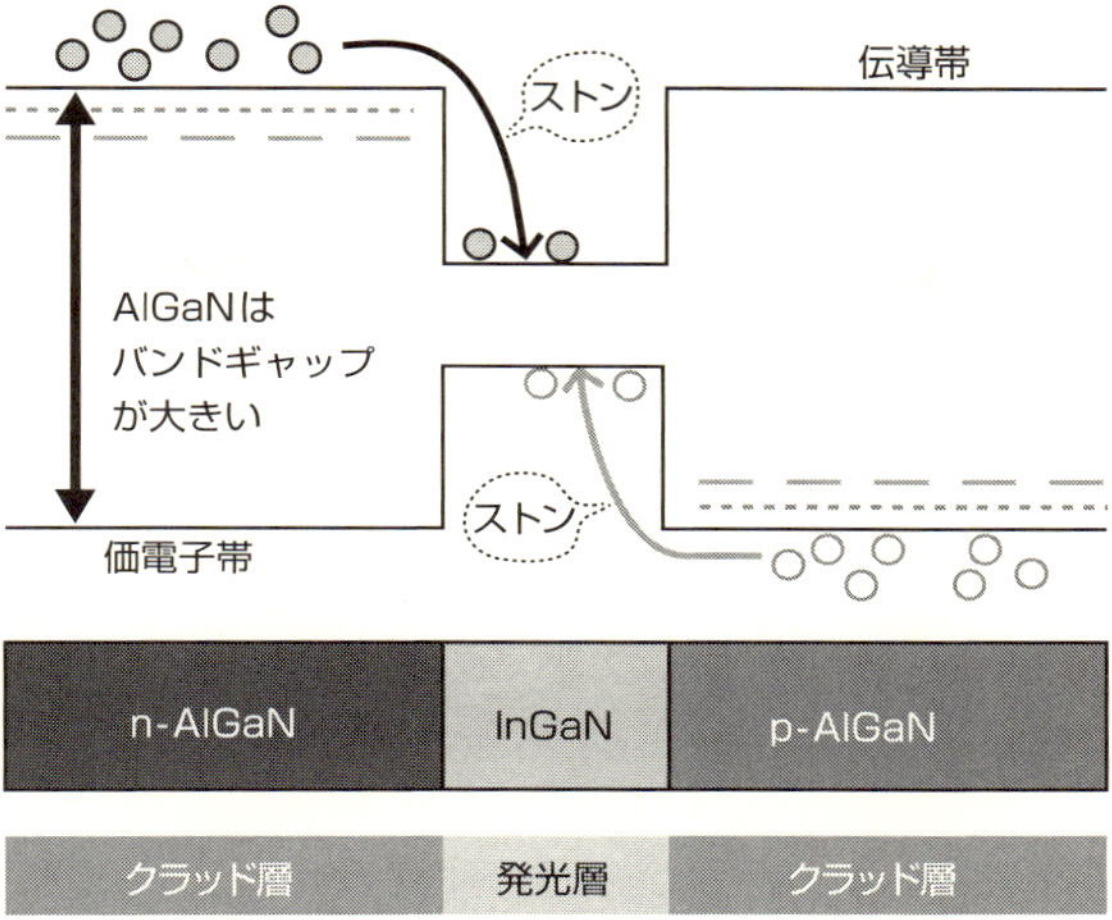

図3.19 クラッド層で電子とホールを閉じ込める
クラッド層のバンドギャップが大きいほど電子とホールを閉じ込める効果が高く、発光効率が高くなる

てバンドギャップエネルギーが小さくなっていきました。一方、窒化アルミニウムのバンドギャップエネルギーの大きさは約6・2eVで、窒化ガリウムよりも大きい。つまり、アルミニウムはインジウムとは逆に、混ぜる量に比例して「バンドギャップが大きくなっていく混晶」なんです。

なぜバンドギャップが大きい結晶が必要なのでしょうか。クラッド層が何のための層だったかを考えると分かります。クラッド層は、発光層を両側から挟むバンドギャップの大きな層のことでした。つまり、クラッド層のバンドギャップが大きいほど、電子とホールを閉じ込める効果が大きくなって、発光効率が高くな

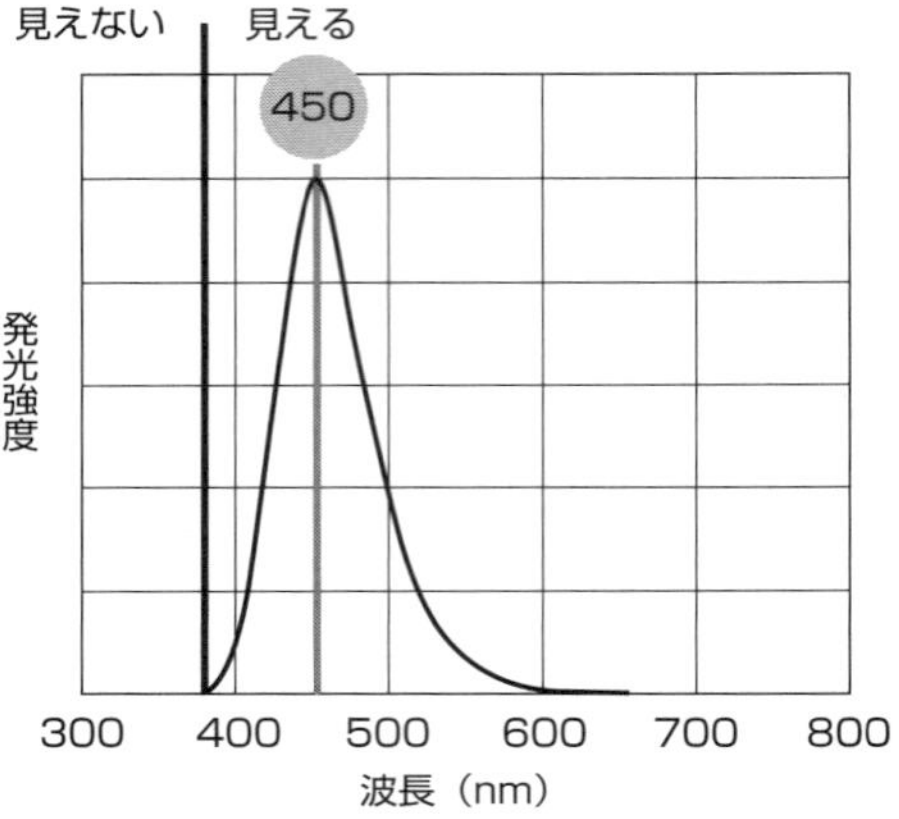

図3.20 ダブルヘテロ接合の青色LEDの発光スペクトル
（出典・Appl. Phys. Lett. 64, 1687（1994））

るのです（図3・19）。

図3・20のグラフは、今お話しした2つの工夫を施したＬＥＤの発光スペクトルです。グラフが一番高くなっているピークの波長は、約450ナノメートル。今まで見えていなかった紫外線の光の波長が長くなり、青い光を放つようになりました。その明るさは1カンデラ。当時、すでに販売されていた炭化ケイ素（SiC）の青色ＬＥＤの明るさが0・01カンデラでしたから、その100倍の明るさの青色ＬＥＤができたことになります。

その後、ダブルヘテロ接合をさらに進化させた「量子井戸構造」という技術を導入し、2カンデラ、3カンデラと一気に明るくなっていきました。そんな高輝度のＬＥＤの誕生をきっかけにして実用化が進み、青色ＬＥＤがものすごいスピードで社会に広まっていきました。その鍵を握っている量子井戸構造は、後ほど詳しくお話ししたいと思います。

◆大容量のブルーレイ次に狙うは「レーザー」一択

先ほど触れたように、中村さんがすごい発表をガンガンしだしたころ、赤崎研究室は名城大学に移って1年ほど実験ができませんでした。ものすごく焦っていました。実験装置は全部名古屋大学に置いていきましたが、新しい装置はパイオニアがサポートしてくれたので手に入りました。パイオニアはそのころ、レーザーダイオードの開発に目標を定めていたので支援してくれたのです。私もこのころはレーザーのことしか頭にありませんでした。

レーザーはとても身近な存在です。たとえば、音楽や動画などを記録できるＣＤやＤＶＤなどにも関係があります。ＣＤやＤＶＤの光沢がある面には、じつは、光の反射率が低くなる細かい穴が、渦巻状に並んでいます。その面にレーザーの光を当てると、穴がない場所では鏡のように強い光をそのまま反射しますが、穴がある場所ではレーザーの光が乱反射して反射光が弱くなります。ＣＤやＤＶＤを再生しているときには、レーザーの反射光の強弱を読み取っているのです（図3・21）。

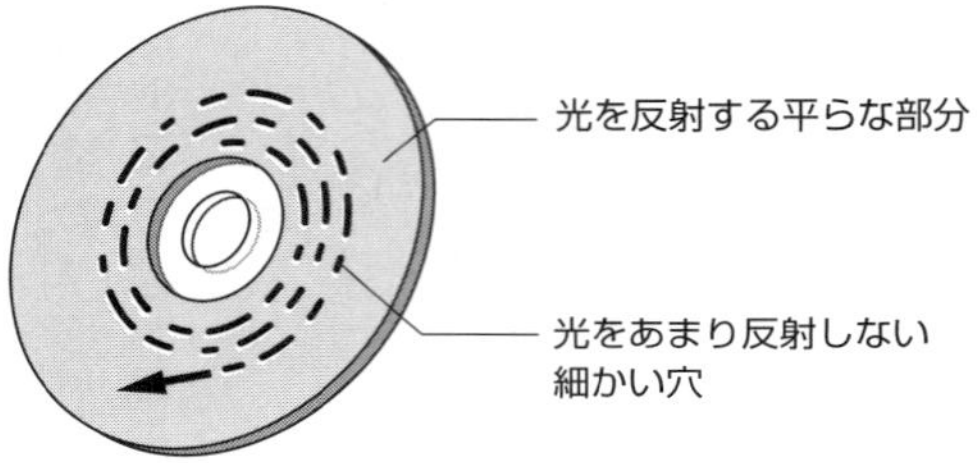
CD や DVD を再生しているときには
レーザーの反射光の強弱を読み取っている！

図3.21　CDやDVDはどうやって情報を記録しているのか

2種類のディスクは、いずれも直径12センチメートルで見た目は同じですが、記録できるデータの量はCDが0・7GB、DVDは4・7GBと差があります。さらに、最近よく聞くようになったブルーレイディスク（BD）は、25GBのデジタル情報を記録できるようになりました。これはCD35枚分、DVD5枚分です。

なぜ同じ大きさのディスクなのに、こんなに記録できる情報量が違うのでしょうか。ディスクを習字で使う半紙にたとえて考えてみましょう。同じ大きさの半紙に文字を書くとき、太い筆と細い筆のどちらで書いたほうが、たくさん文字が書けるでしょうか。細い筆のほうが小さな文字が書けるので、たくさん書けますよね。ボールペンで書けば、さらに小さい文字をたくさん書けます。つまり、ペンの先が細いほど多くの文字を書けます。

ディスクへの記録も同じように、より細いレーザービ

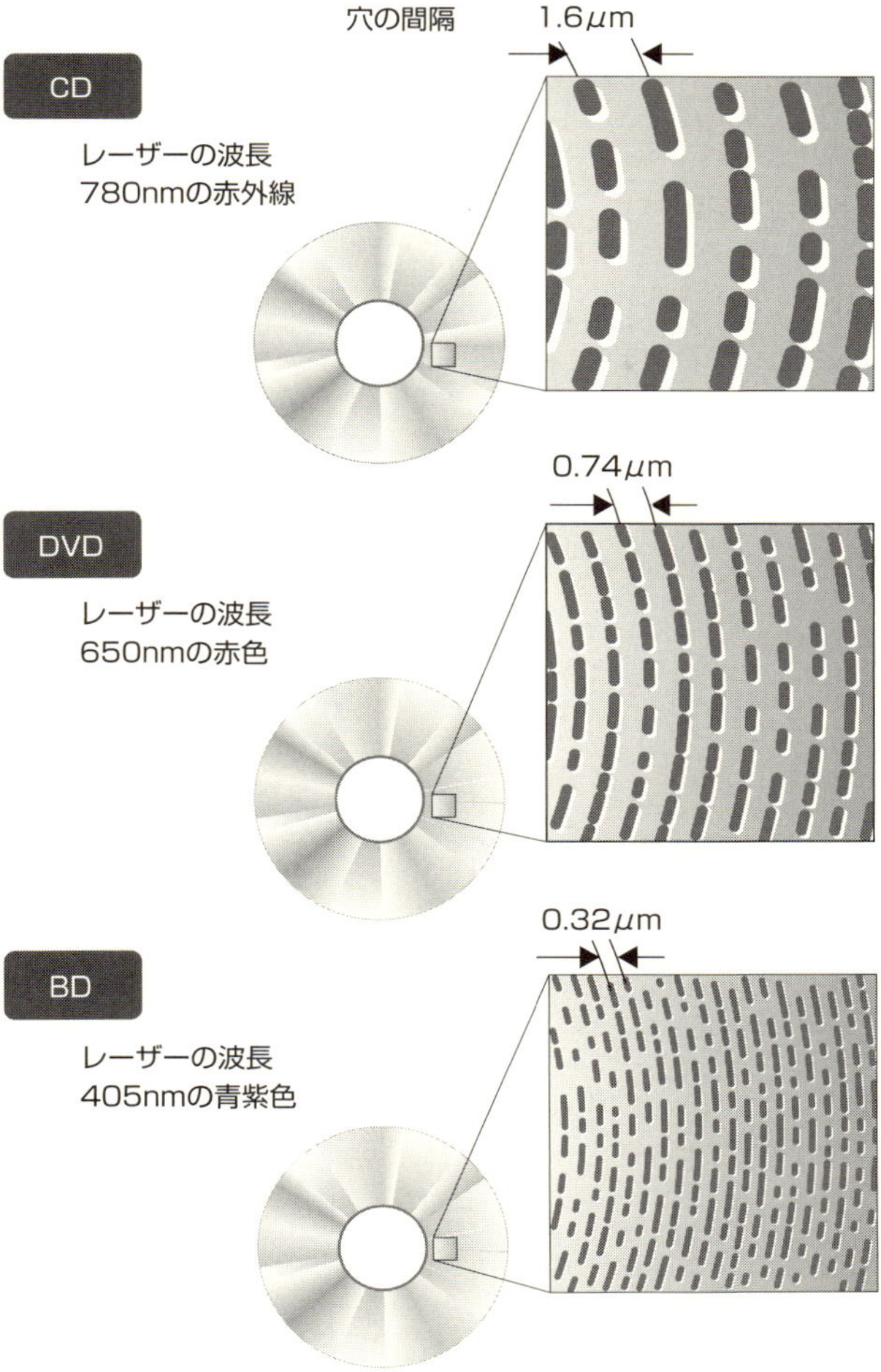

図3.22 波長が短いほどレーザービームを細くできる
レーザーが細いほど穴を細かくできるため、密度が高くなり、記録する情報量を増やせる

ームでディスクに記録する穴を細かく密度を高くすれば情報量が増やせます（図3・22）。ただし、レーザービームを細くするには、レーザー光の波長を短くする必要があります。当時は、CDが780ナノメートルの赤外線を、DVDが650ナノメートルの赤色のレーザー光を利用していました。そして、大容量を記録できるBDに使われているレーザーが、これからお話しする窒化ガリウムで作った青紫色のレーザーなんです。その波長は405ナノメートル。光ディスクの新たな時代をもたらすために、窒化ガリウムのレーザーの開発が強く求められていました。

◆まっすぐ進むレーザービーム 鍵を握るのは「誘導放出」

そもそも、レーザーとはどんなものなのでしょうか。白熱電球とレーザーの光の性質の違いをまとめてみましょう。図3・23を見てください。白熱電球の光は進む方向も波長もバラバラ。だから、さまざまな色が混ざっています。一方、レーザー光は広がることなく真っ直ぐに進み、波長の長さも山と谷がぴったりとそろっています。つまり、バラつきがない同じ色の光が、棒のように真っ直ぐに進みます。見た目は、映画「スターウォーズ」に出てくるライトセーバーの光に似ているかもしれませんね。

なぜレーザーはこんなにそろった光を放つことができるのでしょうか。レーザー光を生み出す

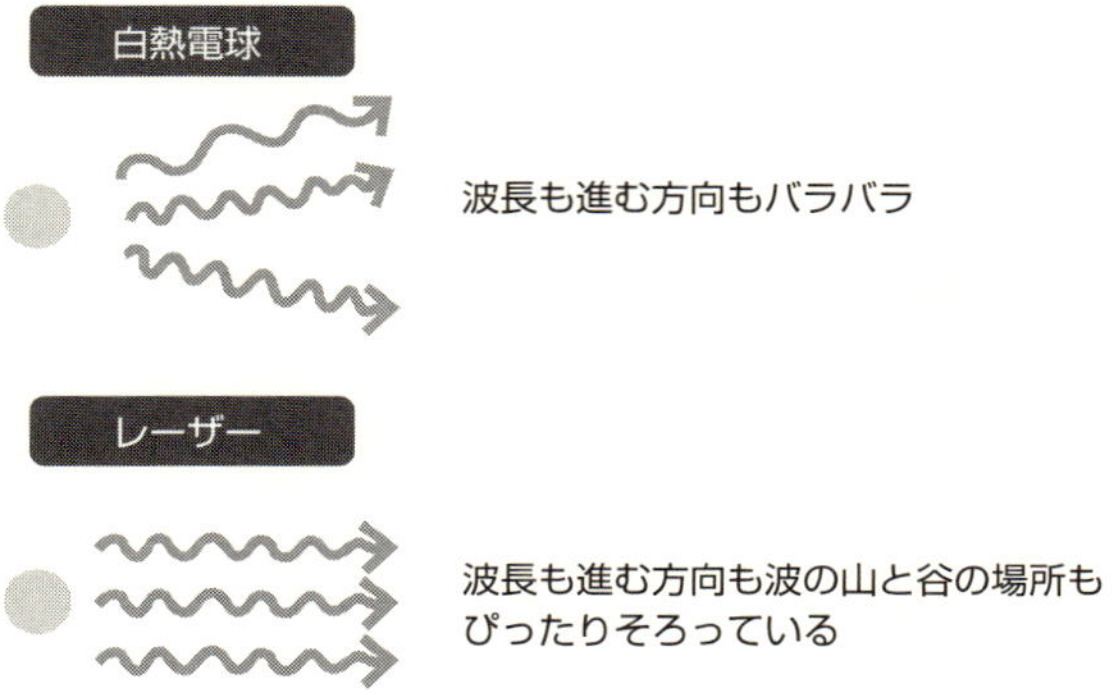
白熱電球
波長も進む方向もバラバラ
レーザー
波長も進む方向も波の山と谷の場所も
ぴったりそろっている

図3.23 白熱電球の光とレーザー光の違い

仕組みを、エネルギーバンドの図で考えてみましょう。図3・24を見てください。エネルギーの高い場所と低い場所の2ヵ所に、電子が存在できる準位がある場合を考えます。

まずは電流を流してエネルギーを加えて、電子をエネルギーの高い状態にします（A）。最初の1個の電子が低いエネルギー準位に移ると、その落ちたエネルギーに見合った波長の光が放たれます（B）。これを「自然放出」と言います。すると、そのほかの電子が連鎖して、次々と向きや波長がそろった光を放ち、どんどん光が強くなっていきます（C）。この現象を「誘導放出」と呼んでいます。さらに、その誘導放出による光の進行方向とその逆方向に鏡を置きます。すると、光が両側の鏡に反射しながら何回も往復して、光がどんどん増幅していきます（D）。

このようにして、進行方向や波長などがそろった光を

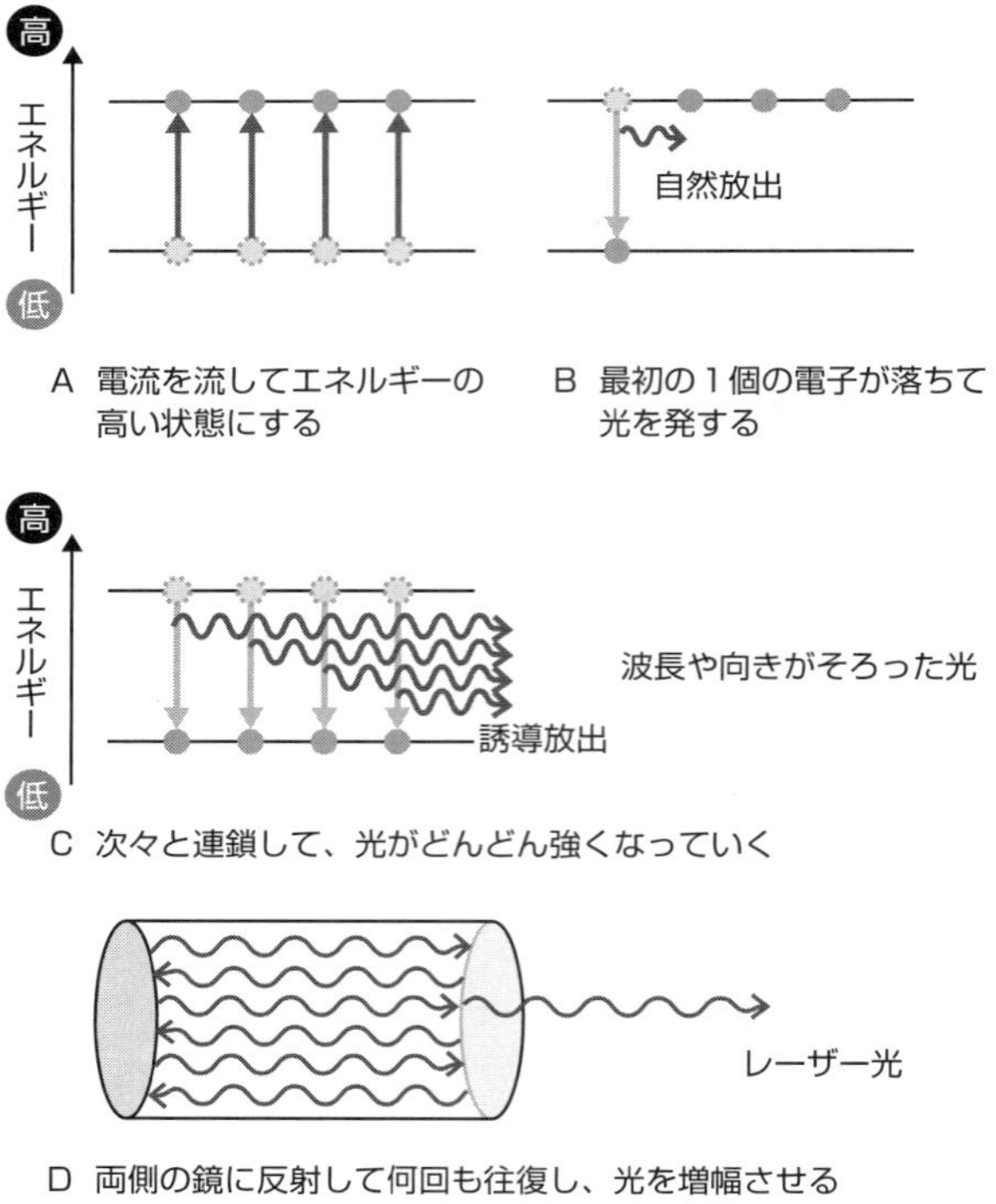

A 電流を流してエネルギーの高い状態にする
B 最初の１個の電子が落ちて光を発する

C 次々と連鎖して、光がどんどん強くなっていく

D 両側の鏡に反射して何回も往復し、光を増幅させる

図3.24 レーザー光が生み出される原理

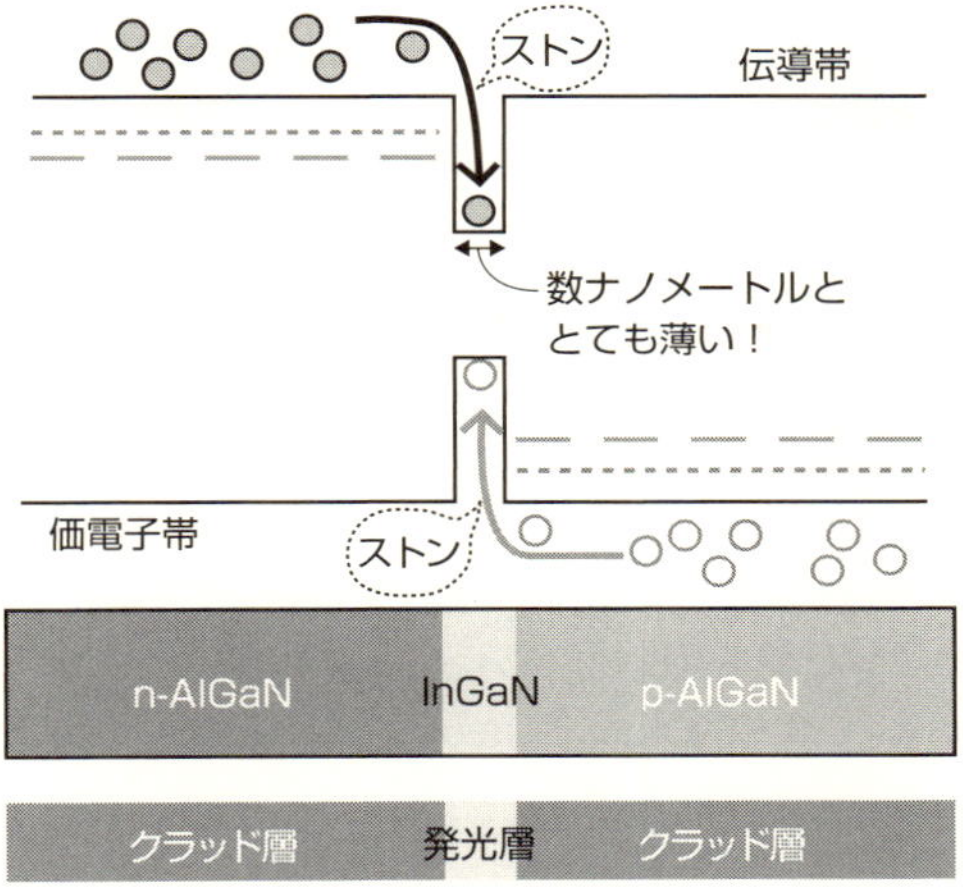

図3.25 発光層を薄くした「量子井戸構造」のエネルギーバンド図
発光層を薄くすると「落とし穴」が「井戸」のようになる。電子やホールを閉じ込めやすくなり、効率よく光らせることができる

取り出したものがレーザーです。レーザーの名前の由来は、Light Amplification by Stimulated Emission of Radiation の頭文字をとったもの。日本語に訳すと、「誘導放出による光増幅」です。

◆「落とし穴」をより細く！　電子を「井戸」に閉じ込めろ！

青色LEDでレーザーを作るためには、これまでに説明してきた構造よりも、さらに明るく光る仕組みにしなくてはいけません。より明るく光らせるためには、より多くの電子が効率よくホールに落ちる必要がありますが、どういう構造にすればよいでしょうか。そこで考えられたのが「量子井戸構造」です。簡単

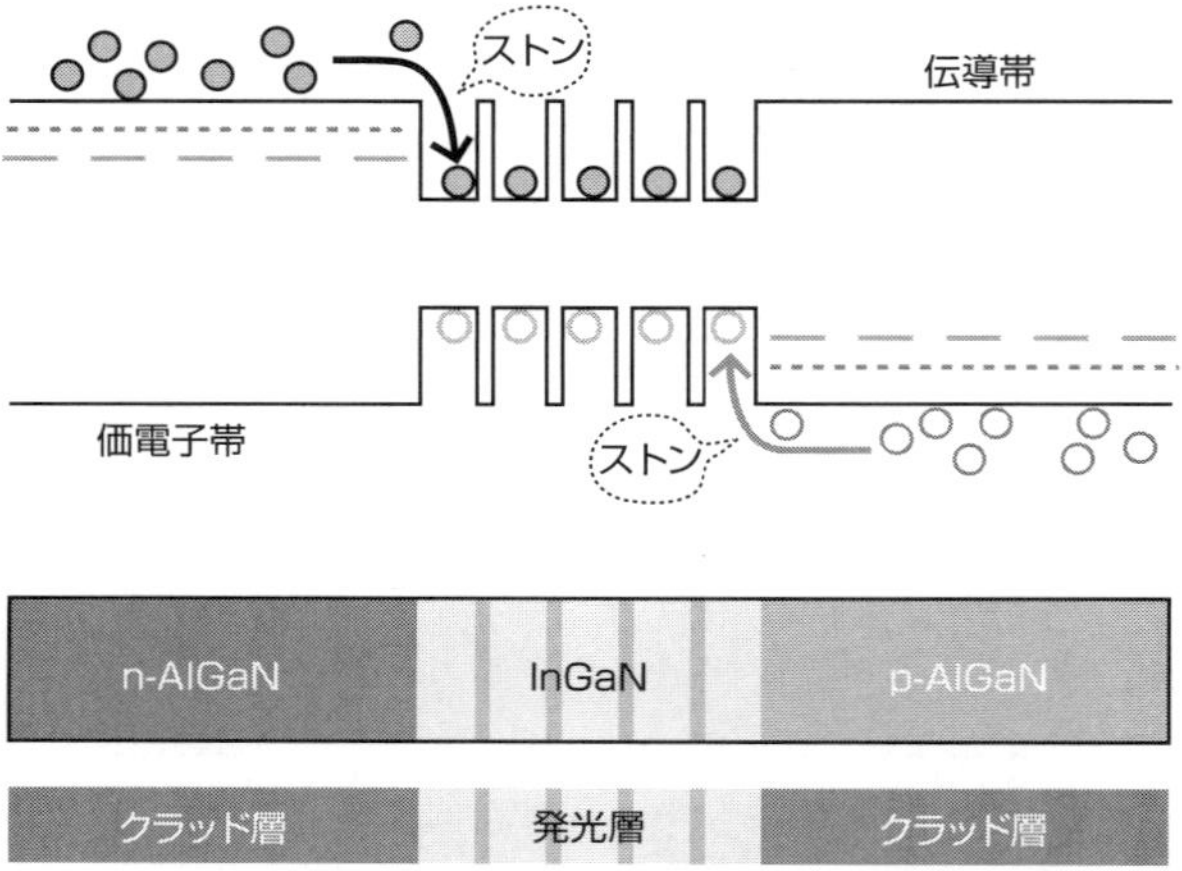

図3.26 たくさん井戸を詰め込んだ「多重量子井戸構造」のエネルギーバンド図

に説明すると、先ほどのダブルヘテロ接合の発光層をとても薄くしたような構造です。発光層を薄くすると、どんな良いことがあるのでしょうか。エネルギーバンドの図で考えてみましょう。

ダブルヘテロ接合とは、バンドギャップの小さな材料をバンドギャップの大きな材料で挟んだ構造です。エネルギーバンドの図で見てみると、電子やホールを閉じ込める「落とし穴」のようになっています。従来のダブルヘテロ接合では、間に挟んだ発光層の厚さは約40ナノメートルほどでした。一方、量子井戸構造の発光層の厚さは数ナノメートル。10分の1ほどの薄さです。すると、エネルギーバンド図は図3・25のようになります。発光層の厚さを薄くすると、「落とし穴」がより細くなって「井戸」のようになります。こうして電子やホールを閉じ込める効果が強くなり、効率よく電子をホールに落として明るく光らせることができるのです。とくに窒化ガリウムの場合は、その効果が大きく現れるので桁違いに明るくなります。

これだけでは終わりません。さらに効率よく明るくするために、この量子井戸構造を「ミルフィーユ」のように何層も重ねます。その名も「多重量子井戸構造」。発光層の窒化インジウムガリウムの、インジウムとガリウムの濃度の割合を変えることで、発光層の中でバンドギャップの大きな層と小さな層を繰り返し、何個もの「井戸」を発光層の中に詰め込んだものです（図3・26）。

中村先生のグループがすごいのは、亜鉛とシリコンをドーピングした高輝度の青色ＬＥＤを開発したのが１９９３年で、１９９５年には今話した多重量子井戸構造のＬＥＤを作っていることです。私たちが発表したのは１９９５年8月なのですが、中村先生のグループは同年3月にすでに特許を出願していました。おそらく中村先生たちのほうが早く完成したのだと思います。私たちと中村先生たちのグループが考えた多重量子井戸構造のＬＥＤは、構造がまったく同じでした。

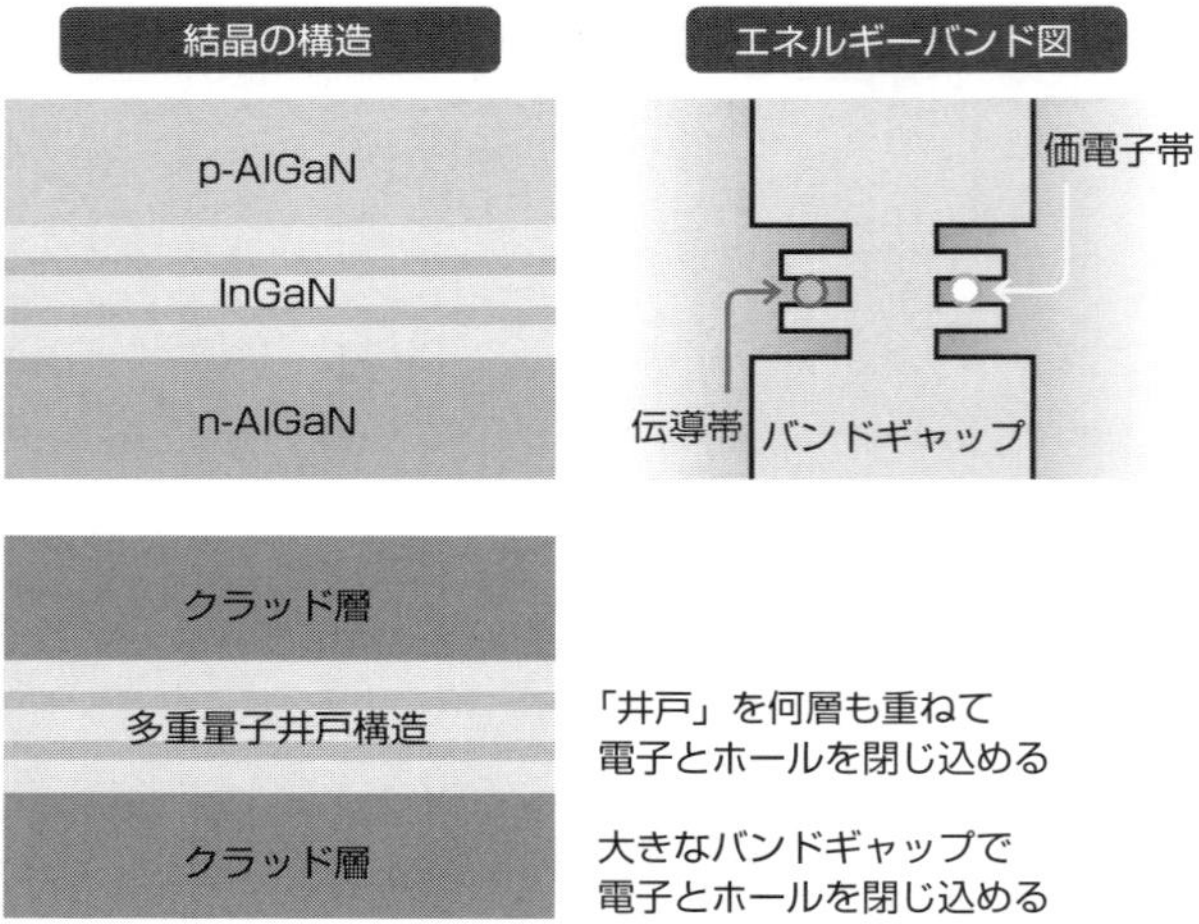

図3.27 電子とホールを閉じ込めるための工夫

◆電子とホールと光を閉じ込めろ！　技術の結晶「タワーマンション」

レーザーは先ほど話したように、「誘導放出」という現象で増幅された強い光を利用したものです。それを実現するためのポイントは2つ。まずは明るく光らせること。そして、その光を逃さないこと。つまり、「電子とホールを閉じ込めること」と「光を閉じ込めること」の2つです。

まずは「電子とホールを閉じ込める」ための工夫を考えましょう。レーザーに使う結晶の基本的な構造は、窒化インジウムガリウム（InGaN）の多重量子井戸構造をした発光層と、挟むように両側にある窒化アルミニウムガリウム（AlGaN）のクラッド層です（図

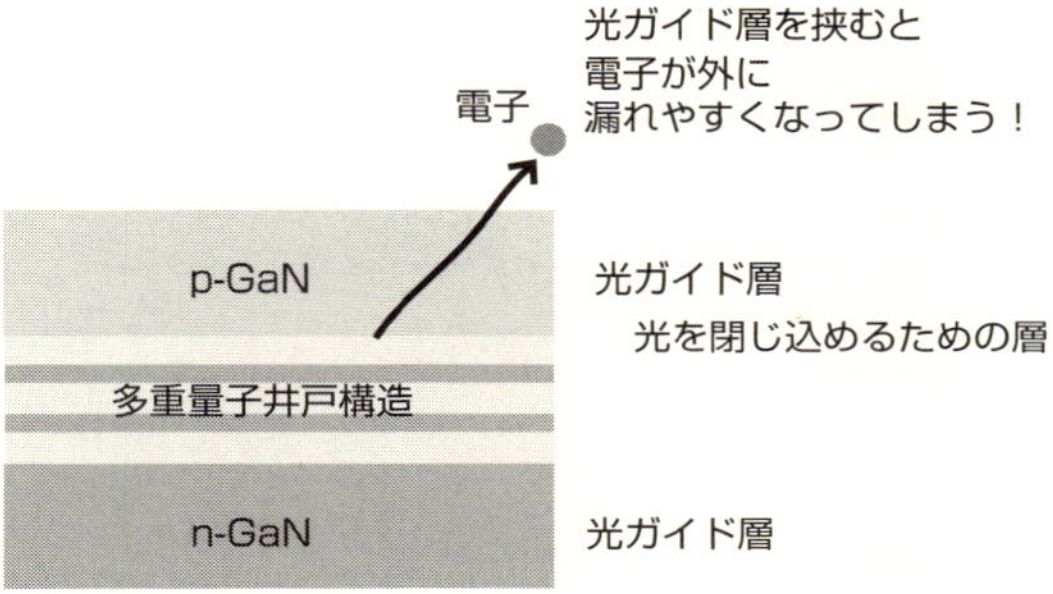

図3.28 光を閉じ込めるための「光ガイド層」

３・27）。じつは、この構造の中にすでに２つの工夫があります。１つ目に、細いエネルギーバンドの井戸を何層も重ねて電子とホールを閉じ込める「多重量子井戸構造」。２つ目に、バンドギャップの大きな材料で発光層を挟んで電子とホールを閉じ込める「クラッド層」です。

多重量子井戸構造の窒化インジウムガリウムの発光層ができたので、中村先生のグループもレーザーの開発に向かって研究をシフトさせていったのだと思います。１９９６年１月には、世界初のレーザーの報告をしています。中村先生のレーザーの特徴は、まず、多重量子井戸の数が26層も重なっていました。私たちの結晶は５層ほどだったので、とても多いですね。

次に「光を閉じ込める」ための工夫を見ていきましょう。レーザーの光は、発光層での誘導放出により放たれます。その光を逃さないために、発光層をｐ型とｎ型の窒化ガリウムで挟みます。すると、光が閉じ込められるようになるんで

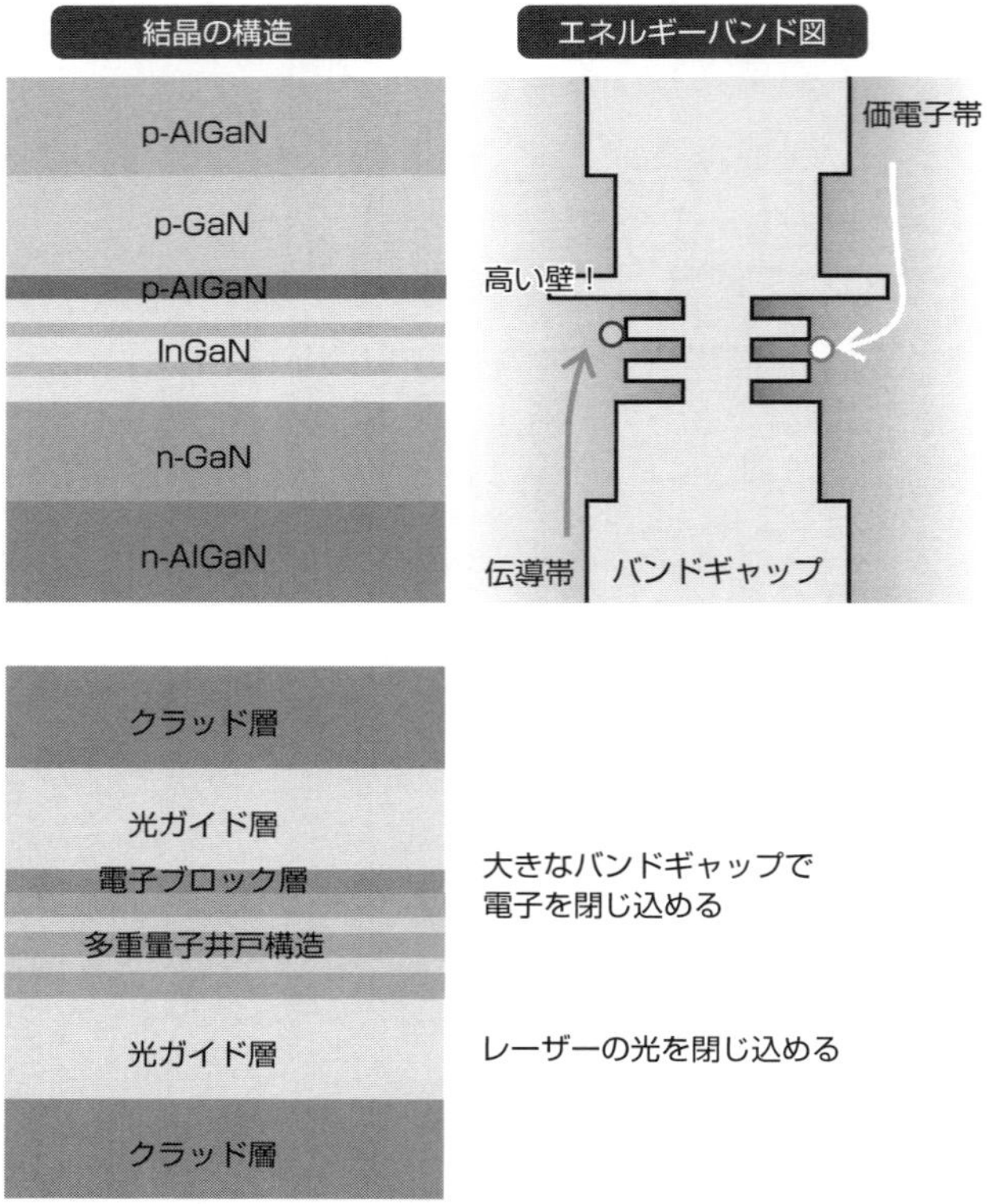

図3.29 電子を閉じ込めるために新たに作った「電子ブロック層」

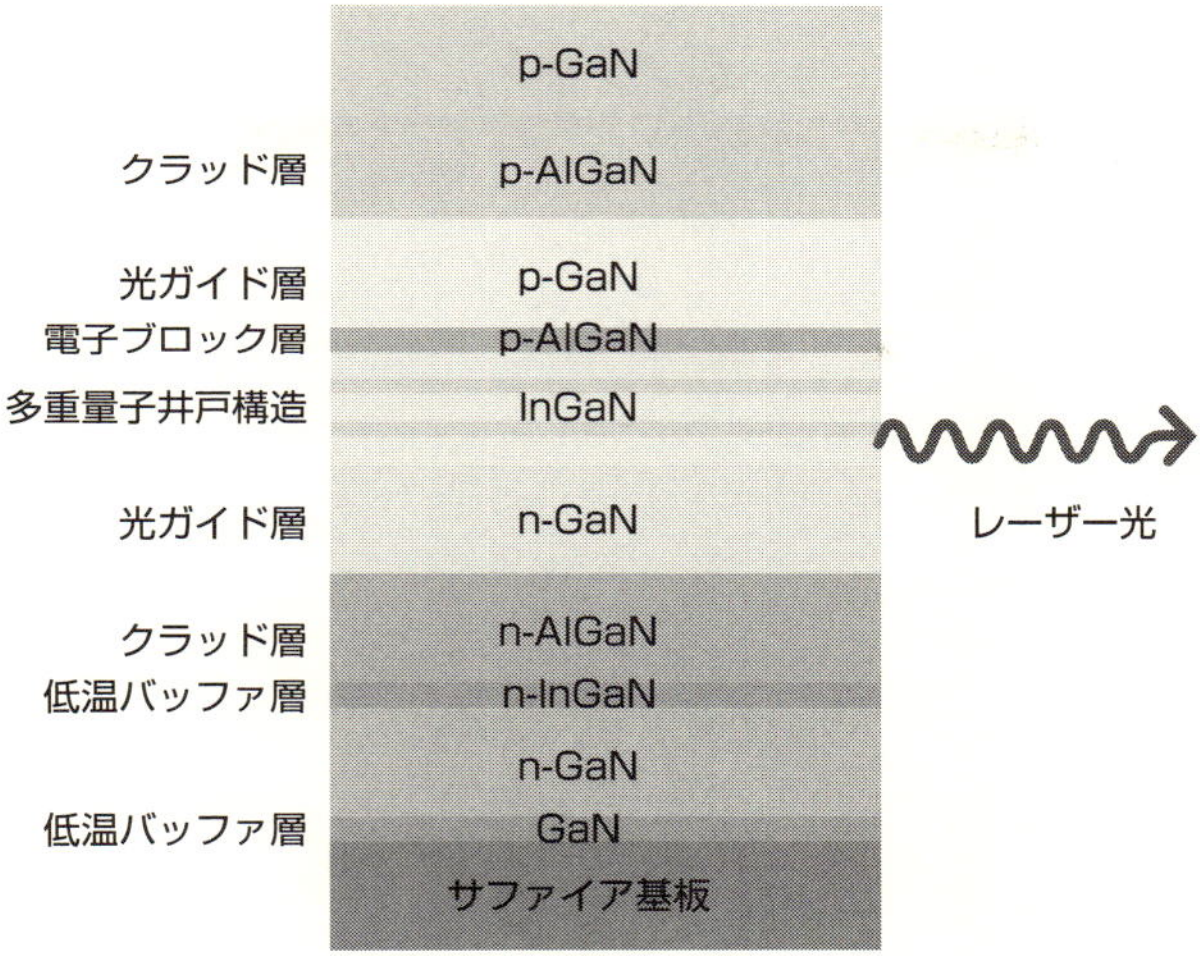

図3.30 たくさんの技術が詰まった青色レーザーの結晶構造

す。このように発光層に光を閉じ込めるための層を「光ガイド層」と呼んでいます(図3・28)。

しかし、光ガイド層を挟むと、ある問題が発生してしまいます。「発光層の電子が外に漏れてしまう」のです。電子がp型の上の層のほうに、どんどん抜けていってしまうのです。それを防ぐために中村先生が考えたのが「電子ブロック層」でした。つまり、発光層と光ガイド層の間に、電子を閉じ込めるために新たな層を作ったのです。

電子ブロック層の材料には、バンドギャップが大きな窒化アルミニウムガリウムが用いられました(図3・29)。これは日亜化学工業の研究者が考えた新しいアイデアです。電子ブロック層を使うと、光の屈折率のバランスが崩れてしまうので、ほかの材料ではあまり使いません。しかし、窒化ガリウムの結晶の場合は、電子の漏れを防ぐためにすごく有効でした。ちなみに、ホールはあまり漏れません。電子だけが漏れるので、電子ブロック層は発光層の上だけに積めば大丈夫です。

それでは、紆余曲折を経て完成した結晶（図3・30）を見てみましょう。中央には多重量子井戸構造の「発光層」があり、上にはｐ型の結晶、下にはｎ型の結晶が続きます。電子を閉じ込めるために、発光層の上にだけ「電子ブロック層」があります。それを挟むように、光を閉じ込めるための「光ガイド層」。さらにそれを挟むように、電子やホールを閉じ込めるための「クラッド層」。その両側に、ｐ型とｎ型の窒化ガリウムがあるのですが、ｎ型のクラッド層と窒化ガリウムの間には、窒化インジウムガリウムの「低温バッファ層」が挟まれています。その結晶が、基板とのミスマッチを緩和する「低温バッファ層」を挟んで、サファイア基板の上に積み上がっています。まるでタワーマンションみたいですね。

この構造の中に、これまで話してきたすべての技術が詰まっています。この結晶に電極を付けて電流を流すと、発光層で誘導放出が起こり、結晶内で何往復も反射しながら増幅した光が、レーザー光として放たれるのです。

第4章

窒化ガリウムが切り拓く未来

深紫外線LEDを照らして、透明に見える蛍光体を光らせる著者（天野）

第3章では、安定して作ることが難しかった高品質の窒化ガリウムの結晶を作り、青色LEDが実用化されるまでの話をしました。しかし、窒化ガリウムの使い道はLEDだけではありません。冷蔵庫やエアコンの中に使われている「パワー半導体」や、紫外線の中でもとくに波長が短い領域の深紫外線の光を放つLED、青色だけでなく赤色から深紫外線までの広い領域をカバーするレーザー、これまでは利用できなかった波長の太陽光も活用できる「窒化物太陽電池」。窒化ガリウムが持つ材料の強みを生かせば、これまでになかったいろいろなデバイスに応用できるのです。大きなポテンシャルを秘めた窒化ガリウムは、私たちにどんな未来をもたらすのでしょうか。

4.1 省エネの切り札、パワー半導体

◆限界がきたら電流がドーン！忍耐強い窒化ガリウム

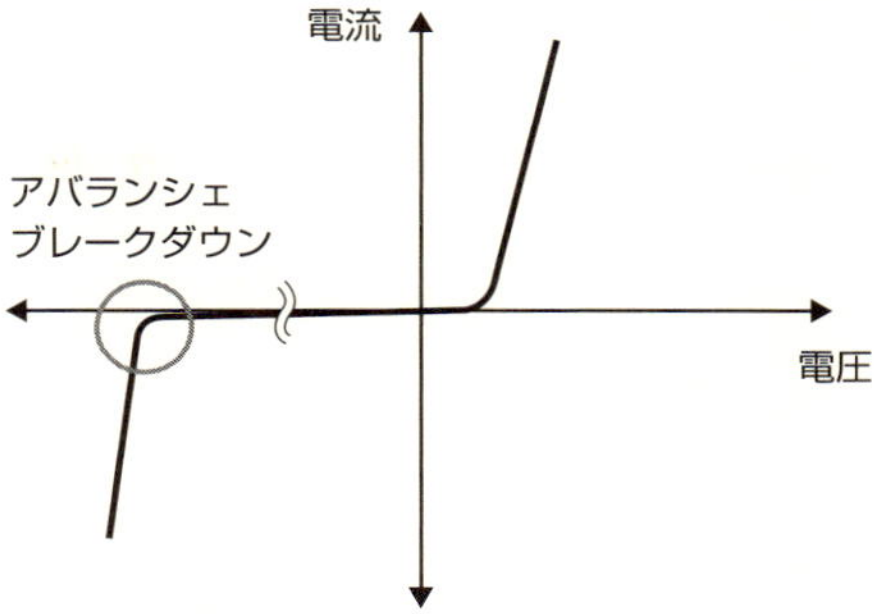

図4.1　半導体の電圧－電流特性
ある値を超えた瞬間に、一気に電流が流れ出してしまう

窒化ガリウムの材料としての最大の特徴は、「バンドギャップが大きいこと」です。ＬＥＤでは、大きいバンドギャップを生かして波長の短い光を取り出し、青色ＬＥＤを実現しました。そもそも、バンドギャップが大きいと、どんな良いことがあるのでしょうか。

第１章で、ＬＥＤのｐｎ接合は、ある方向に電圧をかけると電流が流れるけれど、逆方向に電圧をかけると電流は流れないことをお話ししました。ここで図４・１のグラフを見てください。横軸は電圧、縦軸は電流です。電圧がプラスの方向に大きくなるにつれて、電流が一気に流れていきます。一方、電流をマイナスの方向に大きくしていくと、つまり逆方向に電圧を大きくしていくと、最初は電流がほぼゼロです。しかし、ある値を超えた瞬間に一気に電流が流れ出していきます。

たとえば、ヌルヌルの滑り台の上にしがみついているとします。滑り台の傾きが徐々に大きくなってきまし

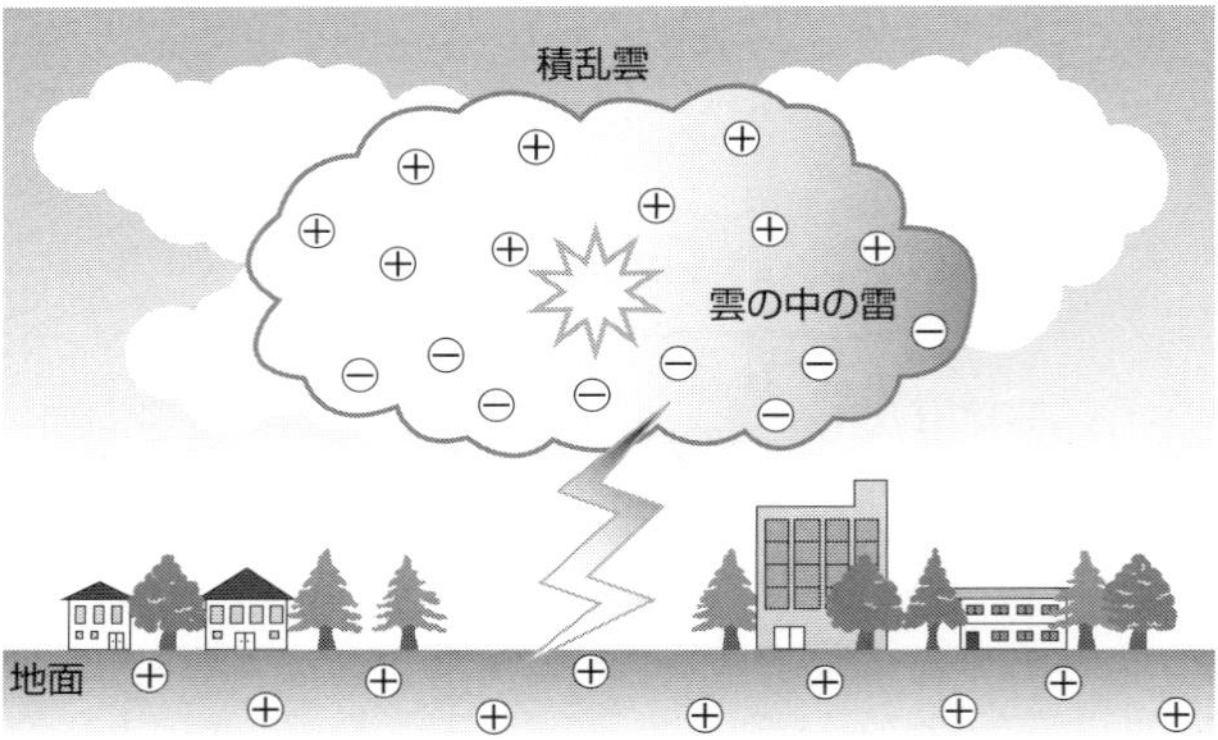

図4.2　雷は雲と大地のアバランシェ・ブレークダウン
雲と大地の電位差が1cmあたり30kVを超えた瞬間に「ドーン！」と電気が流れて雷が落ちる

た。あなたは滑らないようになんとか耐えていますが、そのうち腕がプルプル震え始めました。そしてついに、どこかで限界がきて下に滑り落ちてしまいます。図４・１に示されたｐｎ接合の現象も同じです。逆電圧を徐々に大きくしていくと、本来は電流が流れない絶縁体のように振る舞うはずですが、限界が来て一気に「ドーン！」と電流が流れてしまったのです。この現象の一部は「雪崩降伏（アバランシェ・ブレークダウン）」と呼んでいます。

アバランシェ・ブレークダウンの一番身近な例は、おそらく「雷」でしょう。雷は、「雲と大地のアバランシェ・ブレークダウン」なんです。図４・２を見てください。入道雲（積乱雲）の中で静電気が発生し、雲の下のほうにマイナスの電気を帯びた氷の粒が集まってきます。その電気に引き寄せられて、大地はプラスの電気を帯びています。雲と大地の間にあるものは、空気です。空気は電気を通しません。つまり、絶縁体です。空気が電気を流さないので、雲と大地にはどんどんマイナスとプラスの電気が溜まっていきます。しかし、空気にも限界があります。その値は30kV/cm。つまり、１センチメートルあたり30kVを超えた瞬間に、一気に「ドーン！」と電気が流れてしまう。それが雷です。

半導体のｐｎ接合での現象が雷と違うのは、電気が流れてしまう限界の値「絶縁破壊電界」です。窒化ガリウムの絶縁破壊電界は、３０００kV/cm。空気と比べると2桁違います。ちなみに、一番使われている半導体であるシリコンの絶縁破壊電界は、３００kV/cm。窒化ガリウムはその10倍にあたります。じつは、バンドギャップが大きいほど絶縁破壊電界が大きくなり、より大きな電圧まで耐えられるのです。これが窒化ガリウムの材料が持つ強みです。

◆冷蔵庫、エアコン、電気自動車……とても身近なパワー半導体

「絶縁破壊電界が大きく、より大きな電圧まで耐えられる」。この強みを生かして、窒化ガリウムはどんなデバイスに使われているのでしょうか。その代表例が「パワー半導体」です。

パワー半導体とは、直流と交流を変換するコンバーターやインバーターの中で、電力を制御す

るために使われている半導体デバイスです。インバーターが直流を交流に変える装置で、コンバーターが交流を直流に変える装置です。この2つの装置は、私たちがふだん使っている慣れ親しんだ家電製品の中に、たくさん入っています。

冷蔵庫は夜に「ブゥーン」という音を響かせていますよね。あれはコンプレッサーというモーターが回っている音です。このモーターの回転数は、インバーターを使って変えています。エアコンの中でも同様に、インバーターが使われています。また、ハイブリッド車や電気自動車にも入っています。中のバッテリーは直流ですが、車を効率よく動かすために交流モーターを使っているため、バッテリーからの直流電流を交流に変えなくてはいけないからです。パソコンのACアダプターは、逆に交流から直流に変えなくてはいけないので、コンバーターが入っています。

規模の大きな例だと、東日本と西日本での電力の融通に使われています。日本で使われている交流電流の周波数は、東日本が50ヘルツで西日本が60ヘルツと分かれています。周波数が異なるので、互いに電力を融通しあうときには調整をしなければなりませんが、50ヘルツから60ヘルツ（あるいはその逆）に一気に変えるわけではありません。50ヘルツの交流をいったん直流に変え、直流から60ヘルツの交流を作っています。その際、コンバーターとインバーターの両方を使っています。東日本大震災のときには、西日本の発電所で作った電気を東日本に送っていましたが、変換する容量が全然足りませんでした。そこで、もっと融通しあえるようにということで、震災後にコンバーターやインバーターの設置を増やしています。

このように、パワー半導体が入ったインバーターやコンバーターは、さまざまな場所で活躍しています。そして、現在使われているパワー半導体のほとんどに、シリコンが使われているのです。

ここで、先ほど話したシリコンと窒化ガリウムの絶縁破壊電界の値を振り返ってみましょう。シリコンが、３００kV/cm。窒化ガリウムがその10倍で、３０００kV/cm でした。たとえば、この2つの半導体を使って１００V（ボルト）の製品を作る場合を考えてみましょう。安全性のために3倍の３００Vまで耐えるためには、シリコンだと約10マイクロメートル必要なのに対して、窒化ガリウムだと約1マイクロメートルですみます。つまり、絶縁破壊電界が大きいほど「製品を小型化できる」のです。製品が小型化できると、さらに良いことがあります。小さくなったぶん、電流を流したときの抵抗による損失が減らせます。もしシリコンの結晶が窒化ガリウムの結晶に置き換わったら、原理的には「電流の損失が10分の1に減らせる」計算になります。

◆電子の湖「2次元電子ガス」不純物がなくても大きな電流！

窒化ガリウムを使ったパワー半導体のデバイスのひとつに、高電子移動度トランジスタ「ＨＥ

MT（ヘムト）」というものがあります。「High Electron Mobility Transistor」の頭文字をとって名付けられました。

HEMTは、電気の流れをコントロールする電子部品「トランジスタ」の仲間です。はたらきは主に2つで、電気信号を増幅することと、電気信号によって電気を流したり止めたりするスイッチの役割です。HEMTはたとえば、スマホの基地局やGPSを利用したカーナビの受信機、自動車の衝突を未然に防ぐレーダーなどに使われています。

中でもスマホの基地局は、従来はガリウムヒ素の結晶を使ったHEMTが多く使われていました。しかし、ガリウムヒ素のHEMTには、電子を増やすために不純物を混ぜなくてはいけませんでした。半導体に流れる電流の大きさは、電子とホールの数や移動できる距離、電界に比例します。不純物を混ぜると電子の数は増えますが、電子が移動するスピードが遅くなってしまうため、大きな電流が流せなくなってしまうという欠点があるのです。そこで、最近ではスマホの基地局のHEMTが、ガリウムヒ素から窒化ガリウムにどんどん置き換えられています。

読者の皆さんは「火打ち石」を見たことがありますか。硬い石と鋼鉄を両手に持って力いっぱい叩きこすると、「バチッ！」と火花が飛び出します。このとき、火打ち石の中ではすごいことが起こっているのです。火打ち石を叩いた瞬間、結晶がゆがんで引っ張られて表面にプラスとマイナスの電荷が偏り、石の中に電界が発生します。その電界が火打ち石の絶縁破壊電界を超えると、先ほど話した雷の例のように「ドーン！」と電流が一気に流れて火花が出るのです。
じつは窒化ガリウムのＨＥＭＴの中でも、火打ち石と同じようなことが起こっています。そのおかげで、「不純物を混ぜなくても大きな電流を流せる」というメリットがあるのです。窒化ガリウムのＨＥＭＴの中心部は、窒化ガリウム（GaN）の上に窒化アルミニウムガリウム（AlGaN）が積み上がった、図４・３のような構造をしています。第2章で窒化ガリウムとサファイア基板の結晶格子の大きさが違い、ミスマッチが大きいという話をしましたが、この2つの結晶もミスマッチが大きい。そのため、結晶がゆがんでしまうのですが、その「ゆがみ」をあえて利用しています。

窒化ガリウムの上に窒化アルミニウムガリウムの結晶を薄く成長させると、少し無理をして、下地の結晶の原子間隔に合わせて成長しようとします。すると、上の結晶がゆがんで横に引っ張られるような力がはたらきます。すると、先ほどの火打ち石の例のように、上にマイナス、下にプラスの電荷が偏って集まってきます。さらに、上の窒化アルミニウムガリウムのプラスの電荷に引き寄せられるように、窒化ガリウムの上のほうに電子が寄ってくるのです。この集まってきた電子を「2次元電子ガス」と呼んでいます。

今の話をエネルギーバンドの図で見てみましょう。窒化アルミニウムガリウムのバンドギャップは、窒化ガリウムよりも大きいので図４・４Ａのようになります。しかし、窒化アルミニウム

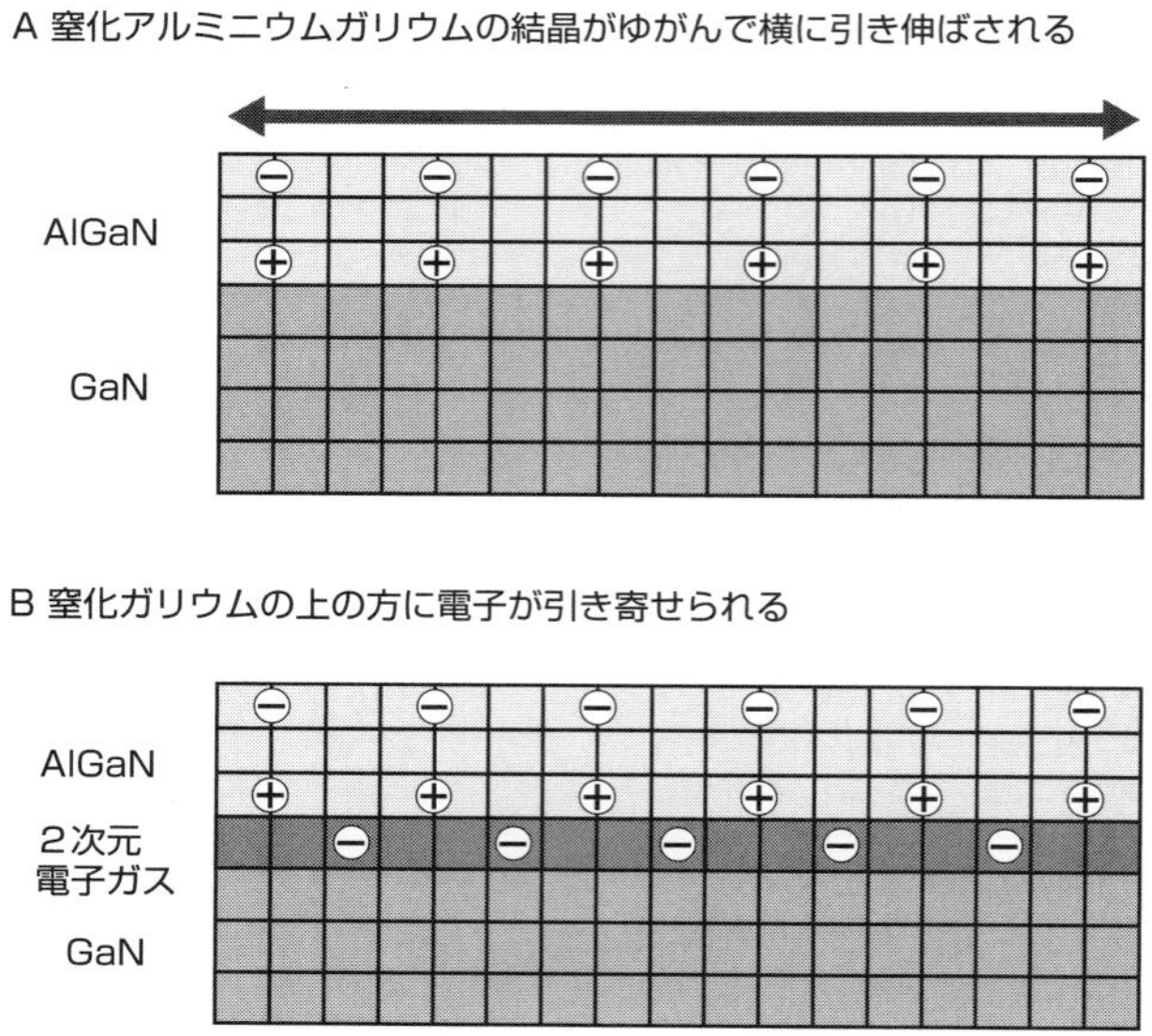

B 窒化ガリウムの上の方に電子が引き寄せられる

図4.3 窒化ガリウムのHEMTの中心部の構造

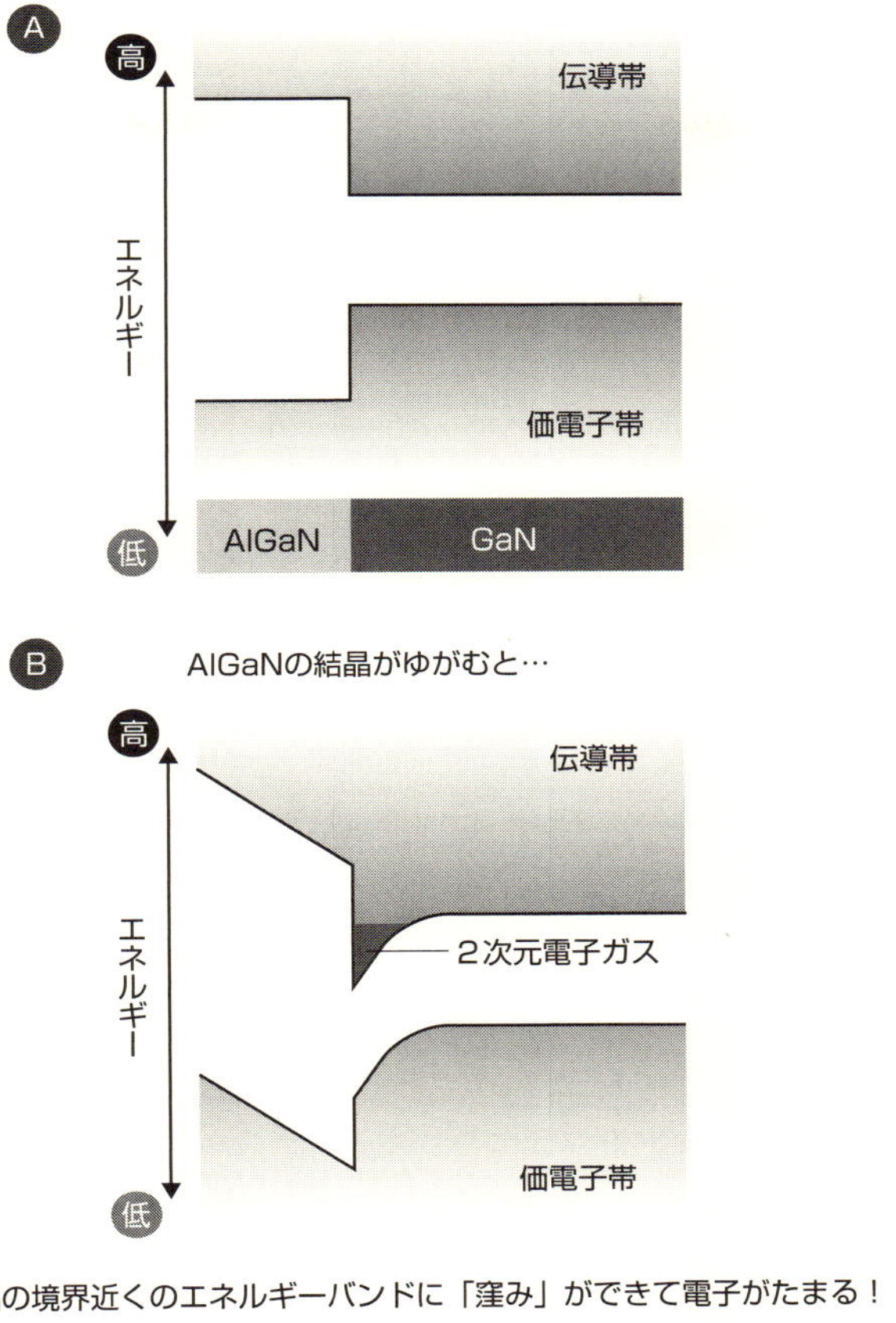

図4.4 窒化ガリウムのHEMTのエネルギーバンド図

ガリウムの結晶がゆがんでプラスとマイナスの電荷が偏ると、結晶の中に電界ができるので、図4・4Bのように境界のバンドが傾きます。すると、2つの結晶の境界にエネルギーバンドの「窪み」ができて、そこに電子が溜まります。この電子が2次元電子ガスです。

窒化ガリウムのHEMTは、この2次元電子ガスを利用できるので、不純物を混ぜて電子とホールの数を増やす必要がありません。だから、大きな電流を流せて、抵抗を小さくできるのです。

◆オフでも電流が流れちゃう！安全のためには「ノーマリーオフ」

一方で、窒化ガリウムのHEMTには課題もあります。トランジスタには、先ほど話したとおり「スイッチ」の役割もあります。オンにしたときは、できるだけたくさん電流を流したい。オフにしたときは、絶対に電流を流したくない。たとえば、車に応用した場合を考えると、何かトラブルがあって壊れたときにまで電流が流れてしまうと、車が暴走してしまう可能性があるわけです。

壊れたときには電流が切れなくてはいけない。それが「ノーマリーオフ」という考え方です。

窒化ガリウムのHEMTには2次元電子ガスがあるので、オンにしたときにたくさん電流が流れる良い面がある一方で、「オフにしたときにも電流が流れてしまう」という課題があるのです。

それでは、ＨＥＭＴの仕組みを詳しく見てみたいと思います。ＨＥＭＴは、「電界効果トランジスタ（ＦＥＴ）」というデバイスの仲間です。ＦＥＴはたとえば、今や私たちの生活に欠かせないコンピューターの集積回路の中などで使われています。ＦＥＴはスイッチなので、「川の流れをせき止める水門」のような構造をしています。川の流れは電流の流れで、水門は電流を制御してスイッチをオンにしたりオフにしたりする役目です（図４・５）。ＦＥＴのひとつであるシリコンの「ＭＯＳＦＥＴ（モスＦＥＴ）」を例に、構造を見てみましょう（図４・６）。金属（Metal）、酸化物（Oxide）、半導体（Semiconductor）を積み重ねているため、頭文字をとってそのように呼ばれています。電子を流し込む入り口の「ソース」、電子が流れだす出口の「ドレイン」、電子の流れをせき止める「ゲート」があります。

ゲートはどのように電流をせき止めているのでしょうか。図４・７はシリコンのＭＯＳＦＥＴのスイッチの仕組みを表しています。ソースとドレインの下にはｎ型半導体の層があります。混ぜる不純物の量を増やして導電性を高めているため「n^+」と表しています。つまり、電子がたくさんある層です。しかし、ゲートの下だけにはｎ型半導体（n^+）の層がなく、電子がほとんどありません。したがって、ゲートに電圧をかけていないときは電流が流れません。

ゲートに電圧をかけると、ｐ型半導体にある電子がゲートの近くに集まってきます。すると、

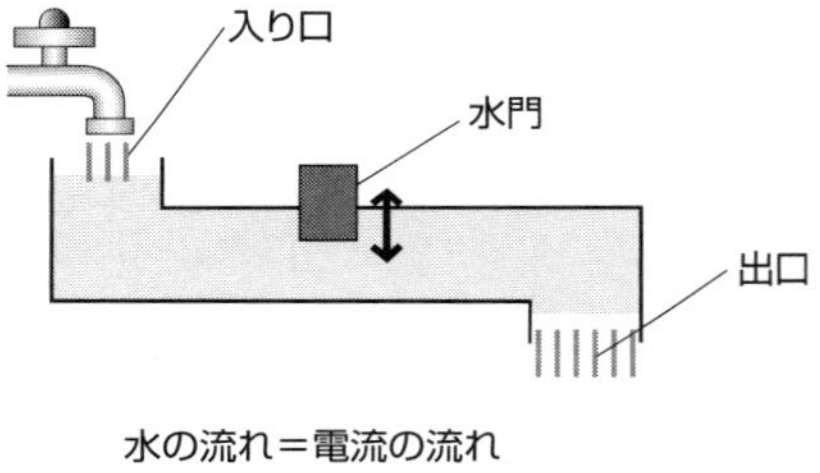

図4.5　FETは水門のような構造をしている

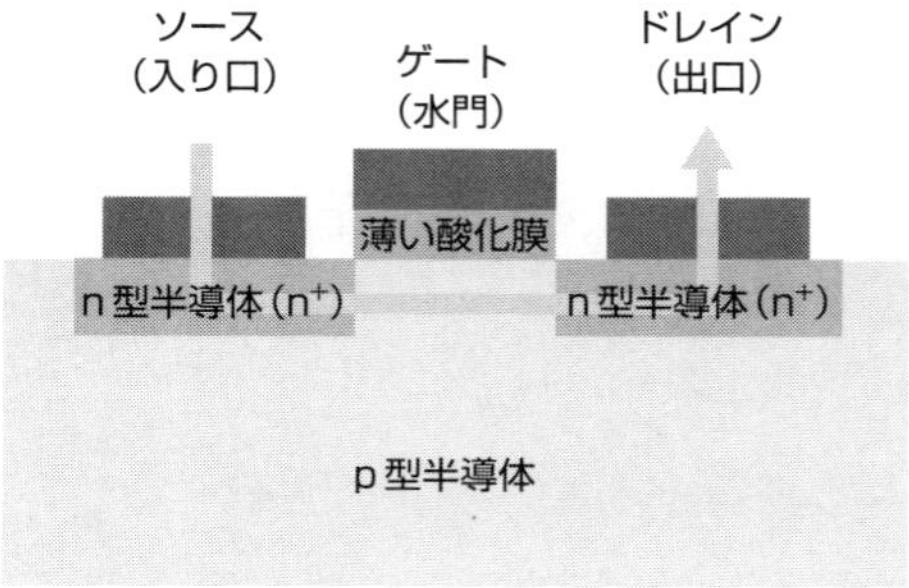

図4.6　FETの構造

A ゲートに電圧をかけていないとき

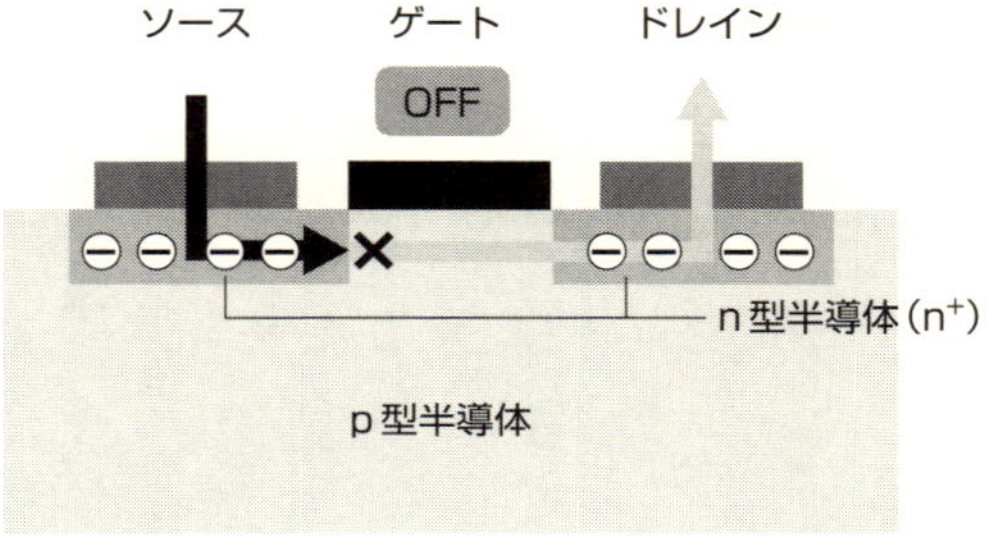

ゲートに電圧がかかっていないときには電流が流れない →
「ノーマリーオフ」

B ゲートに電圧をかけると…

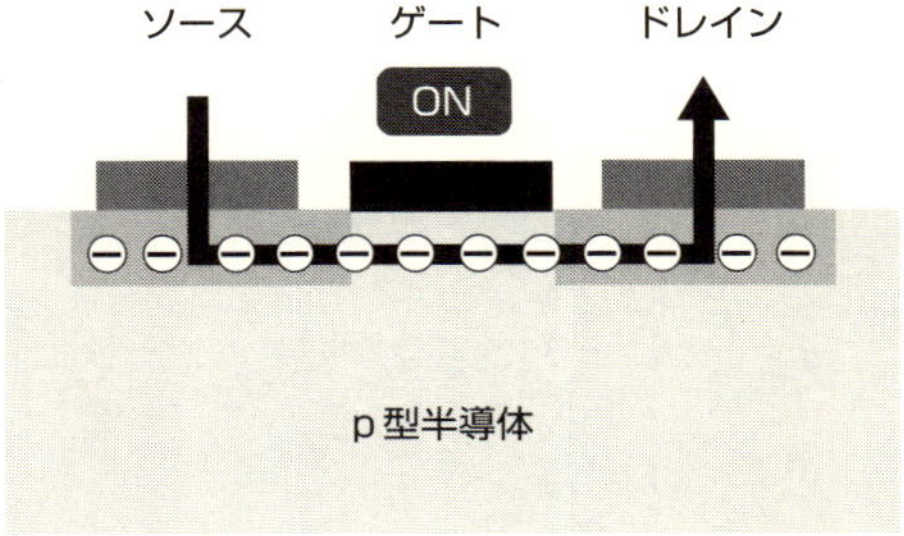

ゲートに電圧をかけると電子が集まってきてソース
からドレインまでの電子の通り道ができる

図4.7 FETのスイッチの仕組み

A ゲートに電圧をかけていないとき

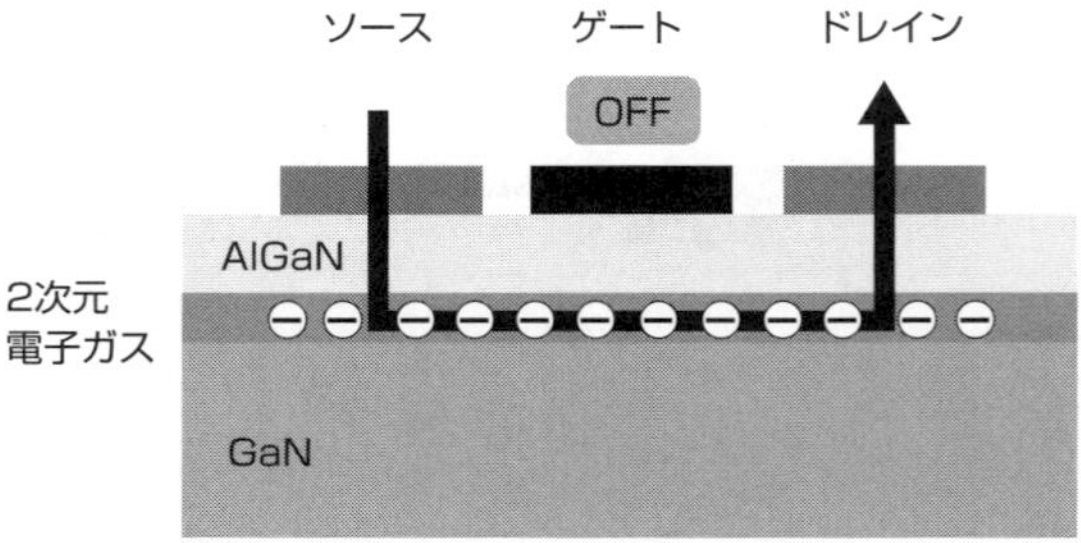

ゲートに電圧がかかっていないときに電流が流れてしまう →
「ノーマリーオン」

B ゲートに電圧をかけると…

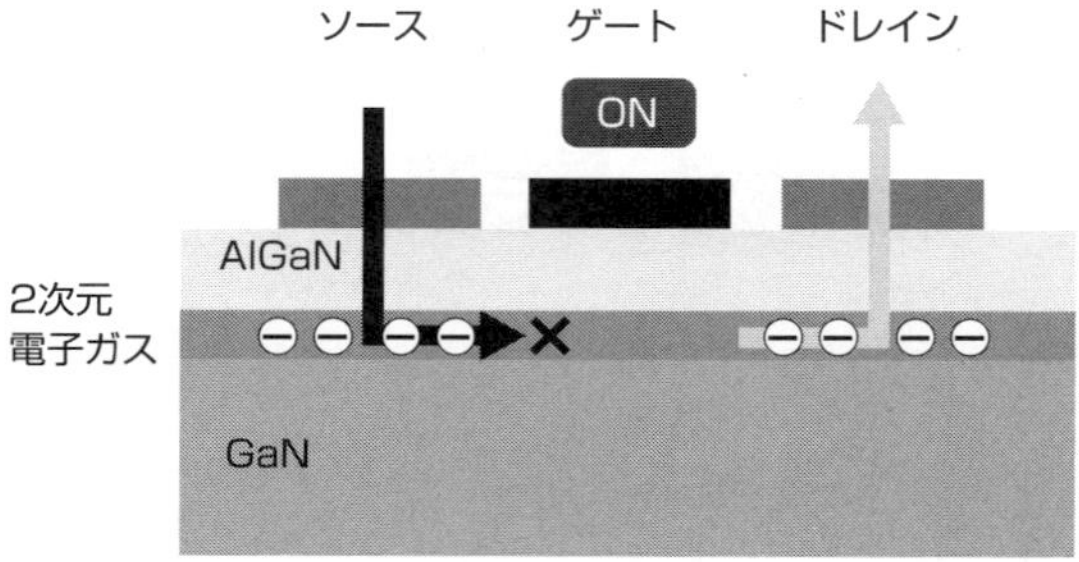

ゲートに逆電圧をかけて電子の通り道を断ち切る

図4.8 HEMTのスイッチの仕組み

ソースからドレインまでの電子の通り道ができるので、電流が流れるようになります。このように、ゲートにかける電圧の大きさによって、電流をせき止めて制御しているのです。このように、電圧がかかっていないときに電流が流れないものを「ノーマリーオフ型」といいます。

次に、HEMTの構造を詳しく見てみましょう（図４・８）。HEMTはｐ型とｎ型の不純物ではなく、２次元電子ガスを利用しているため、ゲートに電圧をかけていないときに電流が流れます。そのため、電流を流したくないときには、ゲートに逆電圧をかけて電子の通り道を断ち切ります。HEMTのように電圧がかかっていないときに電流が流れてしまうものを「ノーマリーオン型」といいます。しかし、安全のためにはノーマリーオフ型にしなくてはいけません。どうすればノーマリーオフ型のHEMTができるのでしょうか。

◆電子を逃がす、断ち切る解決策のアイデアはさまざま

まだ、この課題に対して真の解決策を見出した人は世界中で誰もいないのですが、いくつか考えられている最先端の研究を紹介したいと思います。

１つ目は「集まってきた２次元電子ガスをｐ型半導体のマイナスイオンで逃がす」という方法です。具体的には、窒化アルミニウムガリウムの結晶の上に、ｐ型半導体の結晶を付けます。す

ると、p型半導体の中にはマイナスイオンがたくさんあるので、同じマイナスの電気を帯びた電子が反発して、サーッと逃げていくのです。

ただし、全体に付けると2次元電子ガスが全部なくなってしまうので意味がありません。そこで、いったん全体にまんべんなくp型を付けたあとで、ゲートの上だけp型の層を残して、あとは全部削ってしまう。すると、ゲートの下の2次元電子ガスだけをピンポイントで逃がすことができる。ゲートに電圧をかけたときにだけ電流が流れるので、ノーマリーオフ型になります。この方法は研究室レベルでは実現できていますが、まだ信頼性が低くて、予期せぬ動作が起こってしまいます。日本の企業が実用化に向けて頑張っています。商品化が楽しみです。

2つ目の方法は「2次元電子ガスを断ち切る」という方法です。ゲートの下の部分だけ、窒化アルミニウムガリウムを削ってしまえばよいというわけです。亜硝酸や亜硫酸などの腐食性ガスを吹き付けて、化学反応で溶かして削ります。すると、そこだけ2次元電子ガスがなくなるので、ノーマリーオフ型になります。

ただ、この方法もすぐれているのですが、技術的にとても難しい。窒化アルミニウムガリウムの厚さは25ナノメートルほどと決まっていて、たいへん薄いのです。窒化ガリウムは削らずに、窒化アルミニウムガリウムだけを削るガスはありません。つまり、正しい位置でピタッと削るのを止めないと、下の窒化ガリウムまで一緒に削れてなくなってしまうのです。削るのを止めるタイミングは目分量で決めなければいけないのですが、非常に難しい。

3つ目は「集まってきた2次元電子ガスをフッ素のマイナスイオンで逃がす」という方法です。窒化アルミニウムガリウムの結晶に、フッ素のマイナスイオンを打ち込みます。すると、マイナスイオンがある場所だけ、静電気的に反発して2次元電子ガスがなくなります。ただし、フッ素イオンが非常に不安定なので、温度が高くなったり長時間使ったりしたときに安定性に問題が生じます。

このようにアイデアはたくさん出てきているのですが、まだどれも実用化には至っていません。

◆p型とn型の接触面を増やせ！　その名も「ナノワイヤー構造」

FETの種類は大きく分けて2種類あります。今まで紹介してきたHEMTは、結晶に対して横方向に電流を流していました。そのようなデバイスを「横型」と呼んでいます。一方、これから話すのは、結晶に対して縦方向に電流を流して使う「縦型」のFETです。

今の研究の主流は横型ですが、私たちの研究室が狙っているのは、この「縦型」なんです。理由は2つあります。ひとつは、「たくさん電流が流せること」です。横型は、2次元電子ガスの

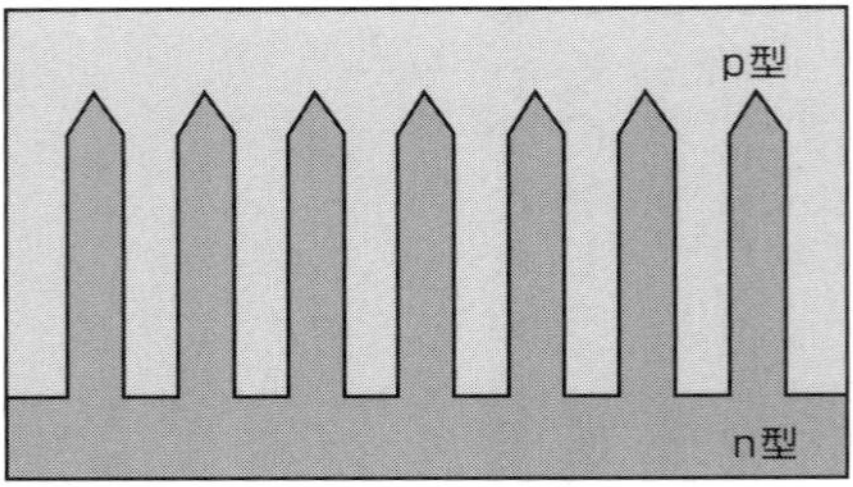

p型とn型が接触する面積が広い！

図4.9 ナノワイヤー構造

狭い領域にしか電流が流せないのですが、縦型は結晶の広い領域を使えるのでたくさん電流が流せます。もうひとつの理由は、「より高い電圧で動作できること」です。なぜ縦型のほうが高い電圧に耐えられるのでしょうか。

昔、このように考えた研究者がいました。「ｐｎ接合のｐ型とｎ型の境界の面積が広くなればなるほど、耐えられる電圧は大きくなるはずだ」。中学生のころに習った「小腸の絨毛」の形を覚えているでしょうか。小腸の内側には、細長く伸びた突起のような形をした絨毛がたくさんあります。絨毛があることで小腸の表面積が広くなり、効率よく栄養を吸収できると習いましたね。

私たちが考えている結晶もこの形によく似ています。名前は「ナノワイヤー構造」。図４・９のように、細長いワイヤーのような形をした結晶が並んでいます。この構造だと、ｐ型とｎ型の接触する面積が広くなるので、耐えられる電圧が大きくなると考えたのです。

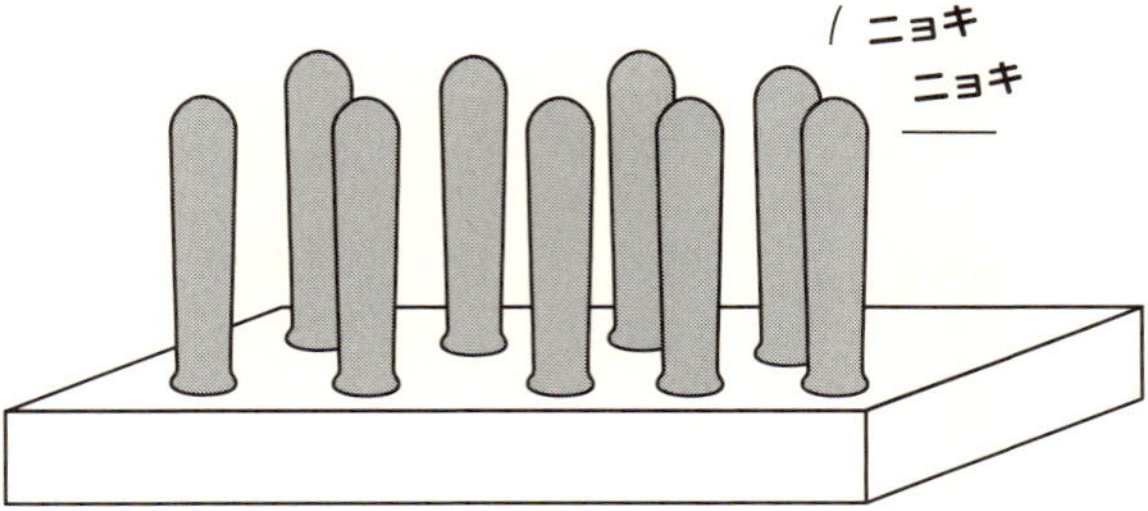

図4.10 ナノワイヤー構造の作り方

見るからに複雑そうな構造ですが、どのように作るのでしょうか。n型の窒化ガリウムの下地層に部分的に穴を開けて、他のところでは成長しないようにすると、穴の部分だけニョキニョキとn型の結晶が生えてくるのです（図４・10）。うまく成長条件を制御すると、結晶は横に伸びず、穴のところだけ成長させることができます。この後に、残った場所をp型の窒化ガリウムで埋めてしまえば、図４・９のような構造が完成します。ナノワイヤーがn型で、それ以外は全部p型のような結晶です。

このナノワイヤー１本ごとに１アンペアの電流を流せたら、１００本あれば１００アンペアになります。目標は１枚のチップで３００アンペアくらい。それだけ電流が流せると、１枚のチップで電気自動車を走らせることができるようになります。

また、耐えられる電圧の大きさは、ナノワイヤーが長いほど大きくなります。つまり、結晶の高さによって耐えられる電圧を自由に変えられるのです。高さ10マイクロメートルで、だいたい3000Vに耐えられるようになります。たとえば高さ33ミクロンのナノワイヤー構造の結晶ができたら、1万Vに耐えられるFETができるかもしれません。ナノワイヤーの高さを変えることで、使うデバイスに合わせた材料ができるのです。

この技術が実現すれば、より高い電圧で動作できるので、家庭で使っている電化製品や電気自動車だけではなく、電車などまで応用範囲が一気に広がります。最終目標は、窒化ガリウムで作ったFETを使って新幹線を動かすことです。

4.2 「見えない光」の可能性、深紫外線LED

◆水の浄化、プリンター、皮膚病治療 幅広く使える短波長の光

次に、紫外線の中でもより短い波長の光を放つ「深紫外線LED」への応用の話をしたいと思います。

青色ＬＥＤが放つ光の波長は４５０ナノメートルほどでしたが、深紫外線は２５０〜３５０ナノメートルほどの波長の光です。深紫外線ＬＥＤの研究は１９９５年くらいに始まって、もう20年ほどたちます。これまでは、なかなか良い結晶が作れなかったのでｐ型半導体ができませんでした。しかし、ようやく量産化ができつつあり、製品として販売され始めています。

深紫外線ＬＥＤが社会に広まると、どんなことができるようになるのでしょうか。「環境」「工業」「医療」の３つの分野に分けて紹介したいと思います。

１つ目に「環境」の分野です。深紫外線ＬＥＤの光をバクテリアやウイルスに当てると、死滅させて殺菌することができます。たとえば、本書の冒頭でも触れた「水の浄化装置」などに応用できます。殺菌力はバクテリアやウイルスの大きさによりますが、大きいものほど死滅させにくい。数十秒は当てないといけません。昔は１平方センチメートルあたり数ミリワットしか出力が出せなかったのですが、今では数十ミリワットまで出せるようになってきました。ようやく実用のレベルになったのです。あと必要なのは量産の技術です。いかに安く速く作れるか、値段と時間の問題ですね。

２つ目に「工業」の分野です。たとえば、特定の波長の光を当てると樹脂が固まる「硬化」と呼ばれる技術に応用できます。また、プリンターの中では、印刷したあとのインクを乾かすために紫外線が使われています。これを深紫外線にすると、インクに含まれる高分子の一部が乾燥するスピードが速くなります。

3つ目に「医療」の分野です。名古屋市立大学から皮膚病治療の先生が研究室を訪ねてくださり、非常に良い例を教えてくれました。皮膚の一部の色が白くなる「白斑」という病気の治療に、深紫外線LEDの光を利用しているという話です。白くなってしまった皮膚に紫外線を当てると、健常な細胞は何ともないのですが、病気になっていた細胞のみが死滅して治るそうです。どの波長の光が最適かは、まだ分からないようですが、LEDは材料の組成を変えるだけで、いかようにも波長を制御できます。この点は、窒化ガリウムのLEDを使う大きなメリットだと感じました。どんな風に深紫外線LEDが使われていくのか、これからが楽しみです。

◆光が吸収されてしまう！
一難去ったらまた一難

深紫外線LEDはすでに実用化されて、店頭で売り出され始めていますが、課題もあります。深紫外線の光を光らせることはできるのですが、光を結晶の外に取り出すことが難しいのです。光が外に出る前に、結晶の中で吸収されてしまうからです。

まず、深紫外線LEDの構造について説明しましょう。「3・2　より明るい『青』を求めて」で出てきた高輝度の青色LEDは、波長を長くして青く光らせるために、インジウムを混ぜ

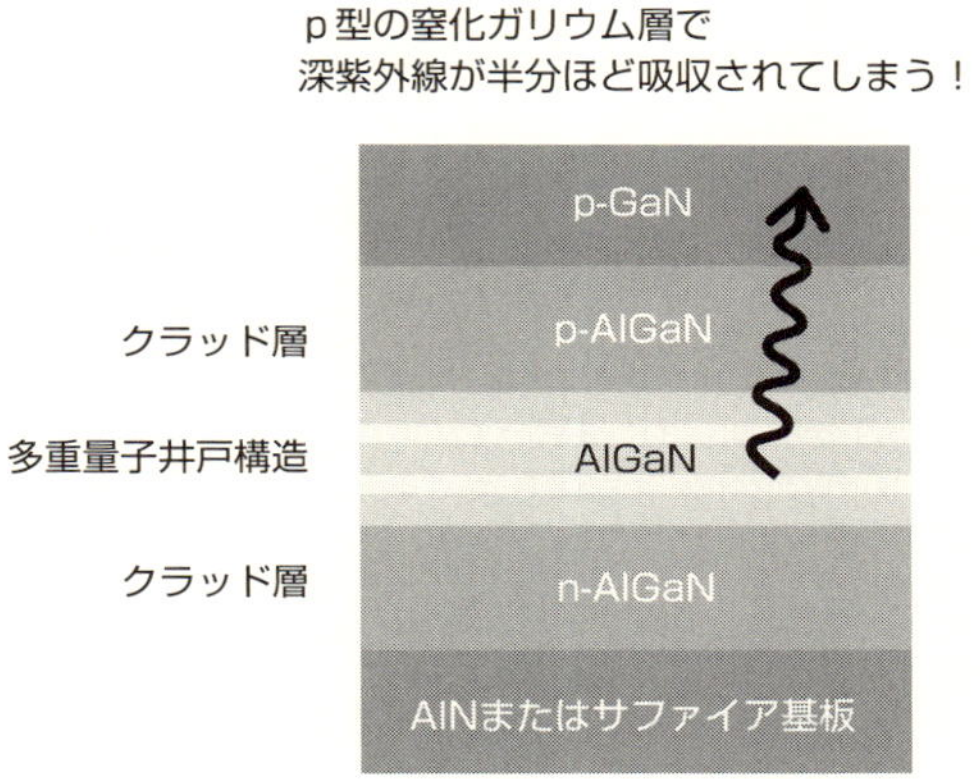

図4.11　深紫外線LEDの構造

た窒化インジウムガリウムの量子井戸構造を発光層に用いました。しかし、深紫外線の場合は波長を逆に短くしたいので、インジウムではなくアルミニウムを混ぜます。つまり、窒化アルミニウムガリウムの量子井戸構造を発光層に使うのです（図4・11）。

　ところがここで問題なのが、一番上に積まれたp型の窒化ガリウムです。より低い電圧で動作できるようにするため、p型の窒化ガリウムは必要なのですが、良いことだけではなく「悪さ」もするのです。窒化アルミニウムガリウムと窒化ガリウムでは、前者のほうがバンドギャップが大きいので、窒化アルミニウムガリウムのバンドギャップに見合ったエネルギーの光が窒化ガリウムに当たると、光のエネルギーが吸収されてしまうのです。原理的には半分しか光を取り出せなくなってしまいます。

誰しもが思い浮かべる対策は、p型の窒化ガリウムを削り取ってしまうことだと思いますが、これをなくしてしまうと、別の新たな問題が発生します。

LEDを光らせるためには、電極を取り付けて電流を流さないといけません。電極は主に金属を使うのですが、金属と半導体をくっつけたときには、2種類のどちらかの特性が現れます。ひとつは「ショットキー接触」と呼ばれる特性で、金属と半導体との境界にエネルギーバンドの高い壁がそびえ立ち、抵抗が大きくなってしまいます（図4・12A）。もうひとつは「オーミック接触」と呼ばれる特性で、エネルギーバンドの壁がものすごく薄くなり、電子がトンネルがあるように自由に行き来できるので、抵抗が小さくなります（図4・12B）。抵抗が小さいほうが損失が少ないので、一般的にオーミック接触のほうが好ましいと言えるでしょう。

そして、p型の窒化ガリウムを削り取ってしまったときの「新たな問題」とは、電極をつないだときに抵抗が大きいショットキー接触になってしまうことなのです。じつは、p型の窒化ガリウムには、電極を付けたときに抵抗が小さいオーミック接触になりやすいというメリットがありました。p型の窒化ガリウムを削り取ってもなお、オーミック接触にするための策を考えなくてはいけません。現在、ほかの研究室の先生と共同研究をして、問題の解決に向けて取り組んでいるところです。

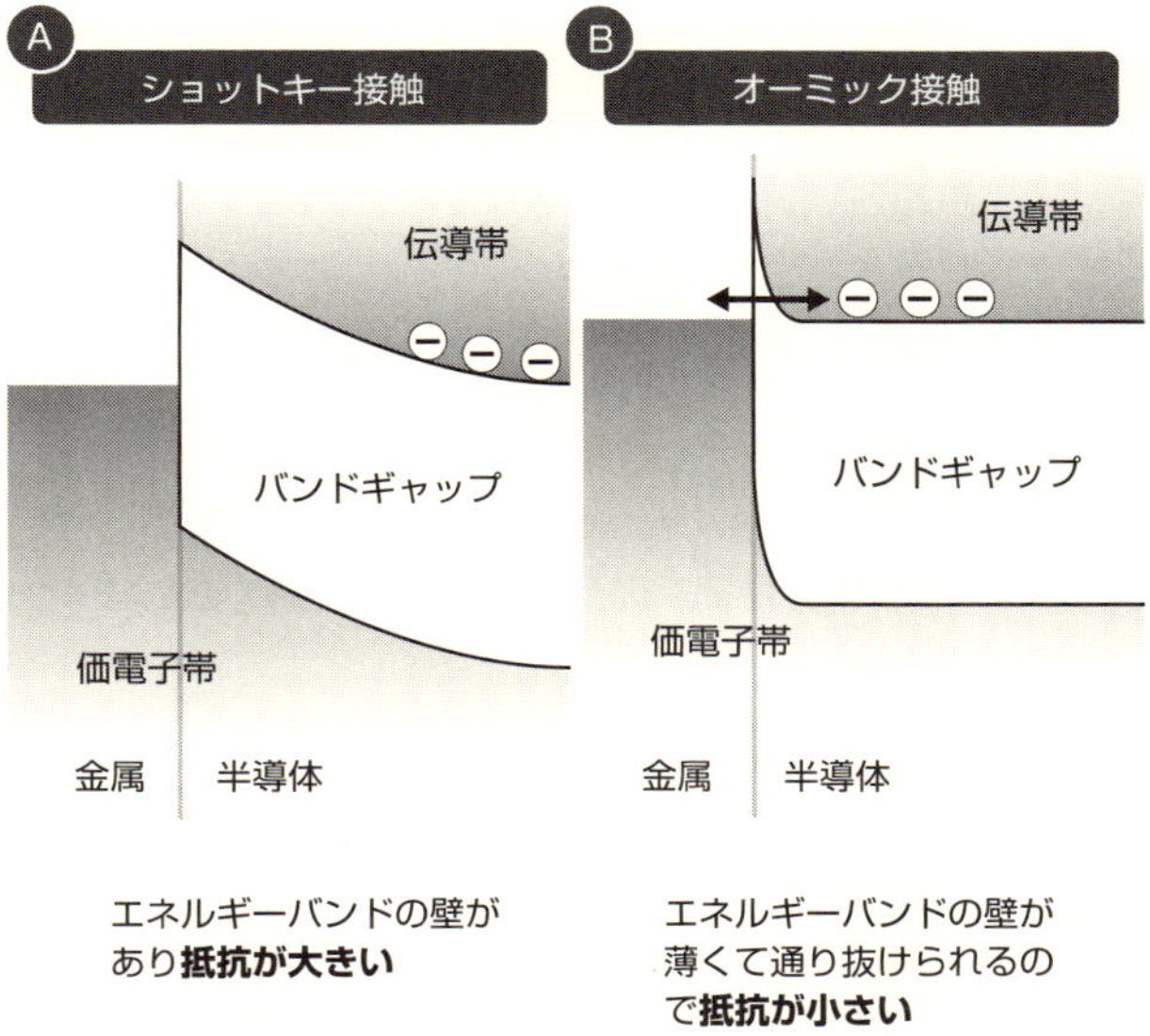

図4.12 金属と半導体をくっつけたときの2つの特性

4.3 赤色レーザー・深紫外線レーザー

◆フロントガラスに道案内
混晶で波長を自由自在に

第3章で青紫色のレーザーの話をしました。しかし、混晶の技術をうまく使えば、光の波長を自由自在に操れます。たとえば、インジウムを混ぜてバンドギャップを小さくすれば、波長の長い赤い光を出せます。逆に、アルミニウムを混ぜてバンドギャップを大きくすれば、波長の短い深紫外線を出すことができます。つまり、インジウムとアルミニウムの混ぜる量を巧みに操れば、赤色から深紫外線までの幅広い領域の光を、窒化ガリウムの結晶だけでカバーできるのです。

これらのレーザーが活躍している一例として、自動車があります。まずは「ヘッドアップディスプレイ」です。たとえば、あなたが車を走らせているときに、コーヒーが飲みたくなったとします。「近くのカフェに寄りたい」。あなたは友人に語りかけるように、車に呼びかけます。すると、フロントガラス越しに見える街の風景に溶けこむように、最寄りのカフェの情報が映し出されます。「次の交差点を左に曲がってください」。機械の道案内とともに、フロントガラスには大きく左に折れた矢印が。あなたは握っているハンドルを回して、左折します。「あと何キロですよ」のような絵も出てきます。

ヘッドアップディスプレイとは、このように車のフロントガラスに道案内や速度など、さまざまな情報を映し出す技術です。三原色のレーザー光を投射して、フロントパネルの３メートルほど先に虚像を作り出しています。すでにパイオニアから市販されています。

このレーザーのうち、青と緑は窒化ガリウムの結晶で作ったレーザーを使っていますが、赤だけはインジウムガリウムリン（InGaP）のレーザーを使っています。このレーザーは、室温では問題なく使えますが、炎天下で温度が60℃を超えてしまうと使えなくなってしまうという欠点があります。一方、窒化ガリウムを使ったレーザーは高温でも動作できるので、現在、赤色のレーザーも窒化ガリウムで作りたいと考えています。ただし原理的にはとても優れているのですが、インジウムをたくさん混ぜた高品質の窒化インジウムガリウム結晶は、作るのが非常に難しいという技術的な問題が残されています。

応用としてもうひとつ注目されているのが「ヘッドライト」です。アウディやＢＭＷなどのヨーロッパの車にすでに使われています。レーザーは、電流をたくさん流したときに効率よく光るという特徴があります。一方、LEDは電流が小さいときは効率よく光りますが、レーザーと同じくらい電流をたくさん流すと効率が落ちてしまうのです。そこで、レーザーは一点からたくさん光が出るような、車のヘッドライトや体育館の天井の照明などへの応用が期待されています。

◆インジウムを増やしたい！ 不純物は減らしたい！

前述のとおり、窒化ガリウム結晶を用いた赤色レーザーの実現は、「インジウムをたくさん混ぜた窒化インジウムガリウム結晶を、いかに品質よく作れるか」にかかっています。第3章で高輝度の青色LEDを作るときに、紫外線の光を青い光に変えるために、窒化ガリウムにインジウムを混ぜてバンドギャップを小さくしました。あのときも、インジウムを混ぜる量をなかなか増やせなくて、苦労しました。理論的には、インジウムの量を増やせば増やすほどバンドギャップは小さくなり、赤い色に近づいていきます。しかし、なかなか増やせないんですね。

また、混ぜるインジウムの量を増やすだけでなく、不純物を減らすこともあわせて考えなくてはいけません。窒化インジウムガリウムの結晶を成長させるときに入ってしまう不純物はいくつかありますが、一番悪さをするのは酸素です。原料ガスのひとつであるトリメチルガリウムの分

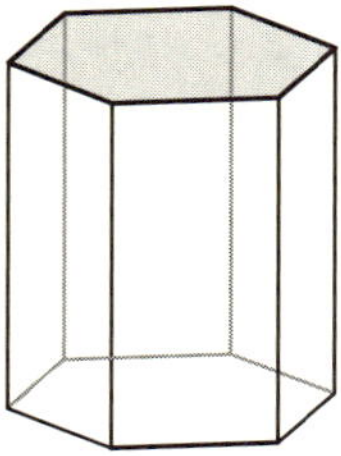

図4.13 これまでの実験で使っていた面

解が不十分だと、結晶の中に酸素が入ってしまい、あまり光らなくなってしまうことが分かっています。

結晶の成長温度を高くしてトリメチルガリウムの分解スピードを上げれば、酸素は入りにくくなります。しかし、成長温度を上げると、インジウムも入らなくなってしまうのです。これには困りました。インジウムはたくさん入るけど、酸素は少ないというのがベストなのです。

◆インジウムの入り方は結晶面によって違う

そこで、私たちの研究室で今チャレンジしているのが、「結晶面の特性を利用すること」です。

皆さんがもし、ピラミッドの前にいるとしたら、どんなふうに見えるでしょうか。ほとんどの人は同じ形を想像すると思いますが、見ている角度によって見え方は違いますよね。

結晶を成長させるときも、基板の結晶格子のどの面の上に積み上

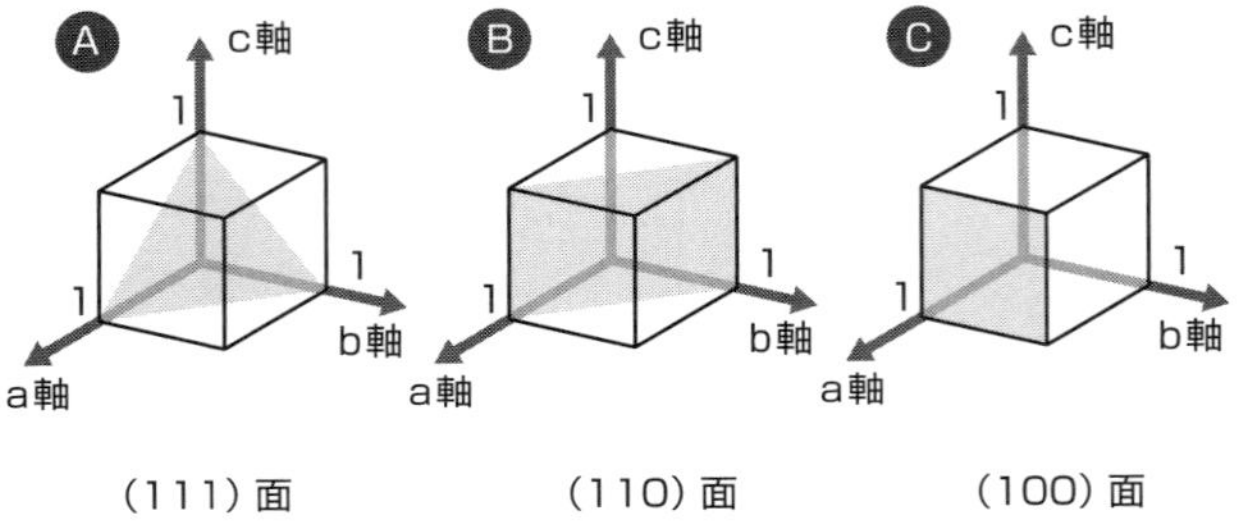

図4.14　立方体の結晶格子の結晶面の表し方

げていくかで、成長の仕方が変わるのです。従来の実験では、六角柱の上の六角形の面（図4・13）を使っていました。しかし、この面よりもさらに「インジウムがたくさん入る面」があります。その面とは「(10$\bar{1}$1)面」。「いち、ぜろ、いちばー、いち面」と読みます。秘密の暗号のような数字が並んでいますが、いったいどういう意味なのでしょうか。

「結晶面」とは結晶格子のある面のことで、3つか4つの数字で表します。ちょっと練習をしてみましょう。まずは、立方体の結晶格子を考えます。図4・14を見てください。立方体の辺に沿うように3つの軸を引き、立方体の端の座標を「1」とします。たとえば、a軸もb軸もc軸も「1」を通る、図4・14Aのような三角形の面は（111）面と表します。また、a軸とb軸は「1」を通るけれど、c軸とは平行で交わらない図4・14Bのような長方形は、（110）面とします。すると、図4・14Cのような正方形は（100）面ですね。

それでは次に、窒化ガリウムの結晶格子のような六角柱の場

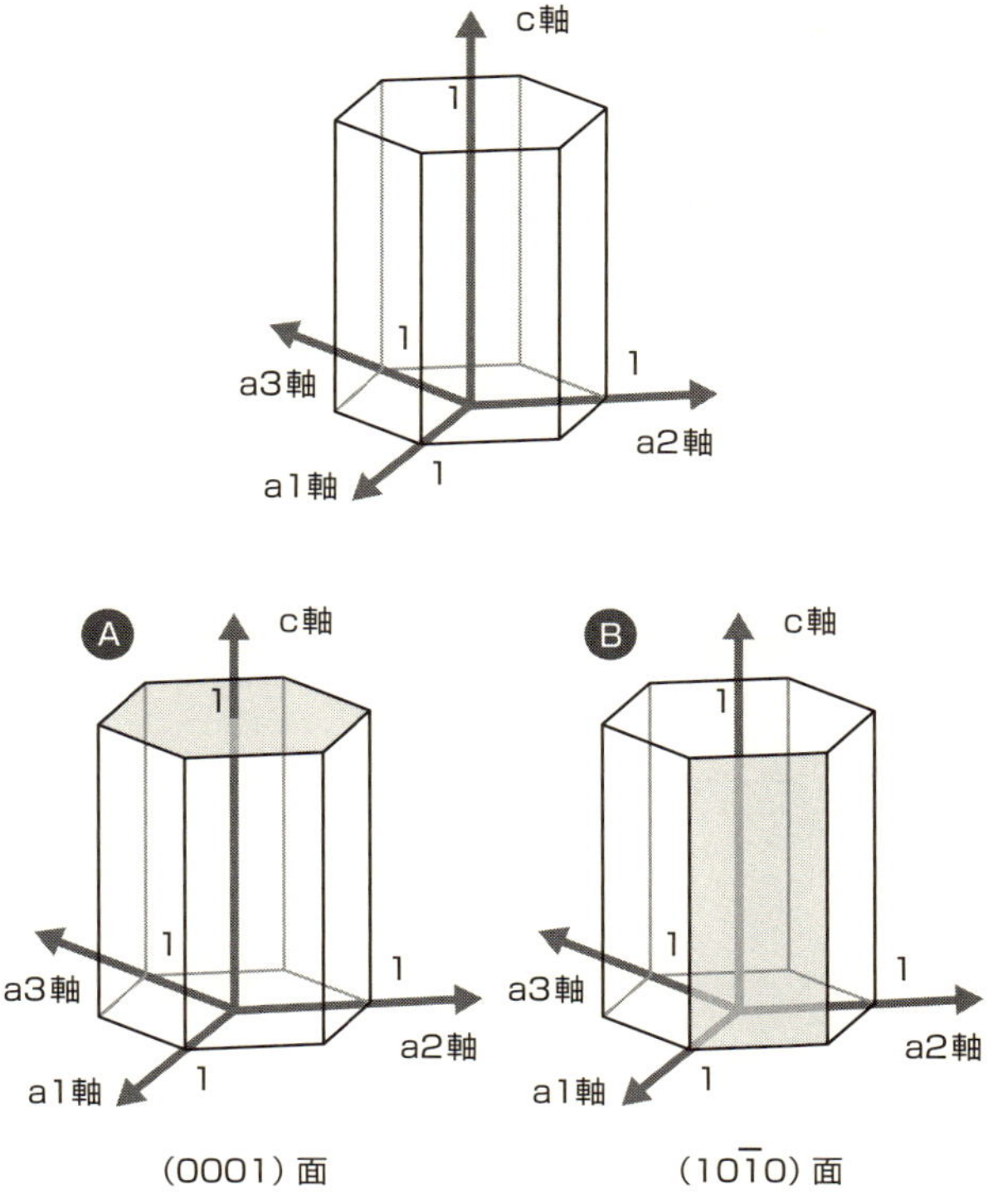

図4.15 六角柱の結晶格子の結晶面の表し方

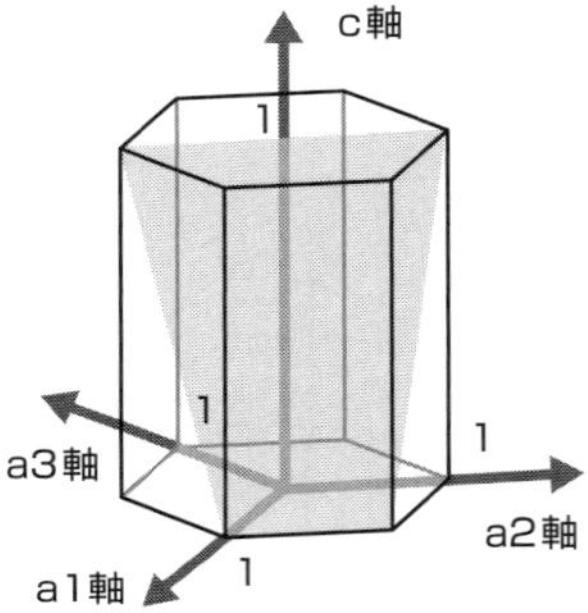

図4.16 六角柱の結晶格子の(10$\bar{1}$1)面

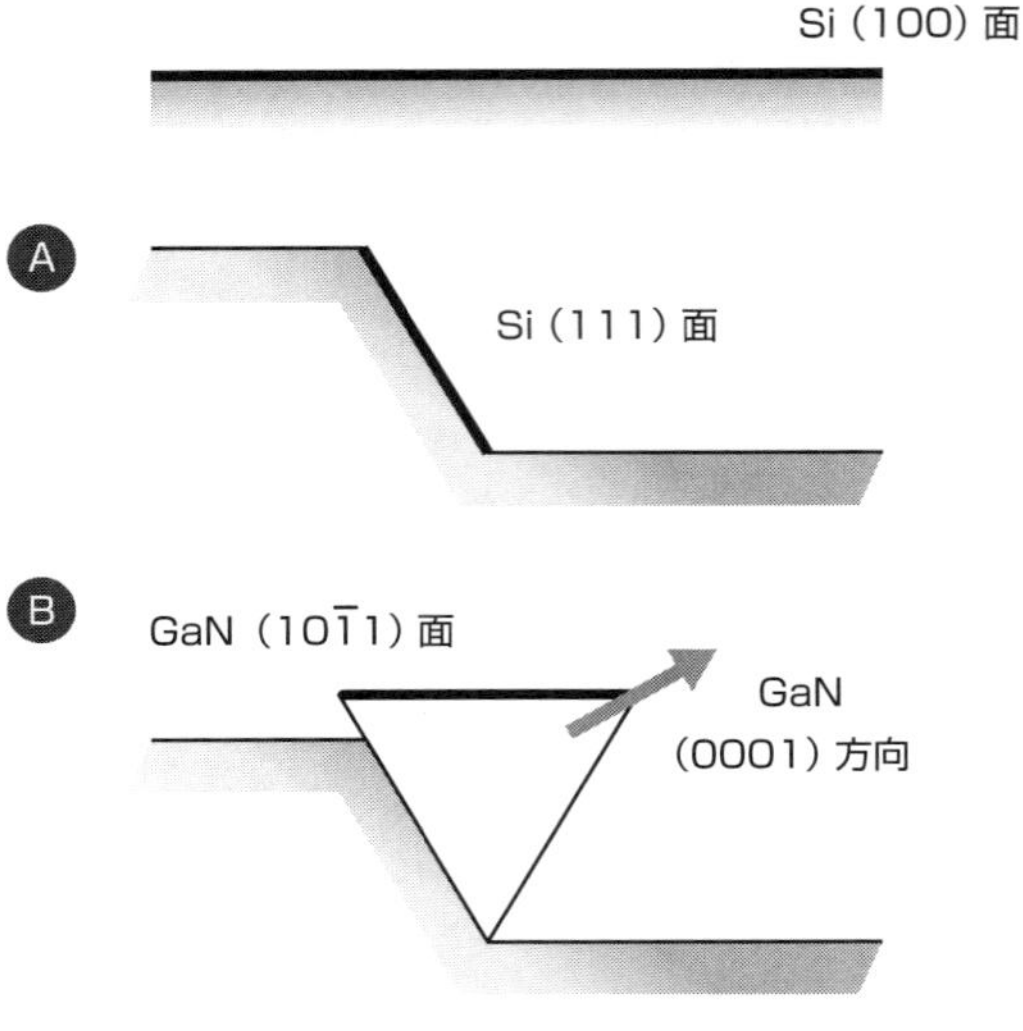

図4.17 どうやって (10$\bar{1}$1) 面を表面に出すのか

合を考えましょう。六角柱の場合は、図４・15のように４つの軸を引きます。底面の六角形に３つの軸、高さ方向に１つの軸です。先ほどの法則にしたがうと、図４・15Ａのような一番上の六角形は（0001）面です。それでは、図４・15Ｂのような六角柱の側面はどうなるでしょうか。ａ１軸が「１」と交わって、ａ２軸は交わらずに平行、ａ３軸は「マイナス１」を通っています。そしてｃ軸は平行で交わっていません。これは（10$\bar{1}$0）面といいます。マイナスの場合は数字の上に「バー」を付けるのです。ちょっと余談になりましたが、結晶面はこのような数字で表します。

それでは、肝心の（10$\bar{1}$1）面を考えましょう。先ほどの法則にしたがうと、六角柱を横切る図４・16のような面になります。この面を表面にすると、窒素原子が表に出てくるので、インジウム原子を取り込みやすくなるのです。

いったいどうすればこの決まった面を表面に出せるのでしょうか。表面が（100）面のシリコン基板を薬品で削ると、図４・17Ａのようにとても安定した（111）面が出てきます。このシリコンの（111）面に窒化ガリウムを成長させると、（0001）面の方向に伸びることが分かっています。すると、図４・17Ｂで示した太線の場所に、インジウム原子が入りやすい（10$\bar{1}$1）面が現れるのです。実際に、私たちの研究室の学生が、この面の上に赤色レーザーの構造を積み上げる実験をし、ちゃんと光らせることができました。

4.4 発電効率のブレークスルー、窒化物太陽電池

◆光を浴びて電気を生み出す太陽電池

これまでは「電気を使う」ときの応用例でしたが、窒化ガリウムは「電気を作る」こともできます。そこで、最後は「窒化物太陽電池」についてお話しします。

ＬＥＤと太陽電池はまったく別物のように感じるかもしれませんが、じつはとても似ています。ＬＥＤは「電気を流して光を生み出すもの」でしたが、太陽電池はその逆です。「光を浴びて電気を生み出すもの」です。つまり、太陽電池もＬＥＤと同じで、半導体のｐｎ接合でできているのです。

エネルギーバンドの図で考えると、とてもよく似ていることが分かります。図４・18を見てください。ＬＥＤはｐｎ接合の近くで、電子が伝導帯から価電子帯に落ちたときに、バンドギャッ

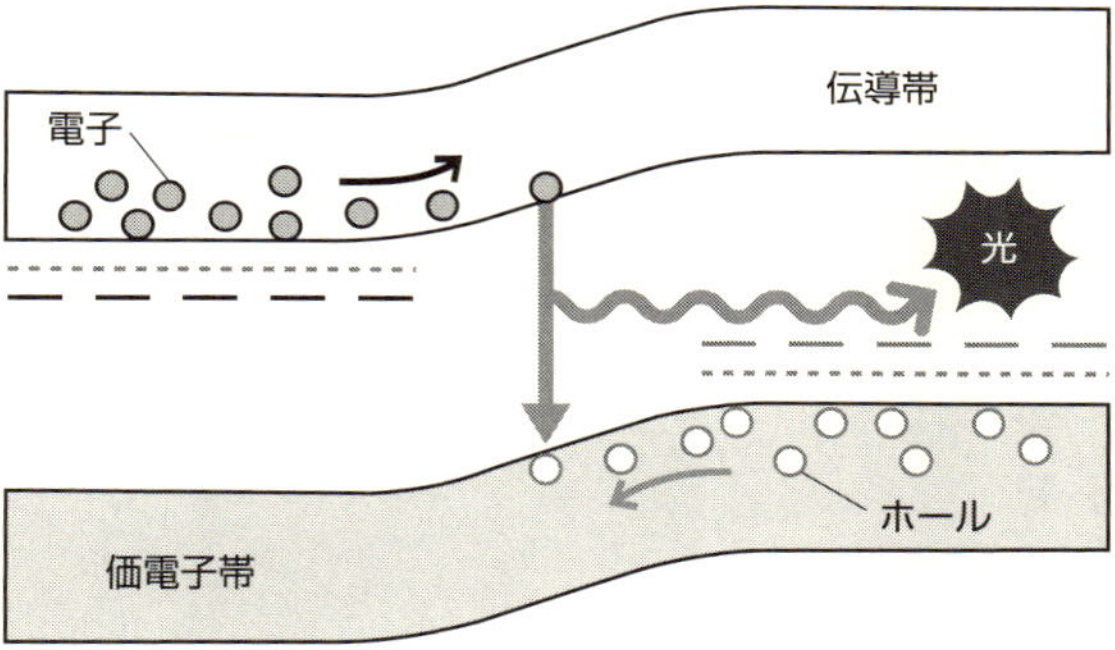

LEDは電気を流して光を生み出す

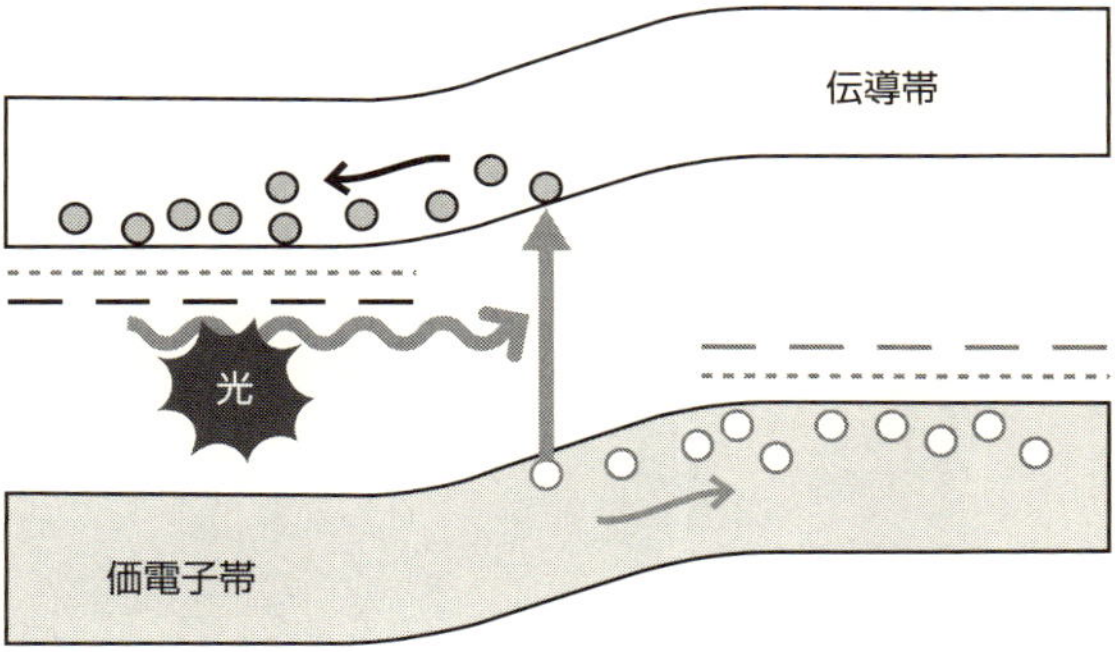

太陽電池は光を浴びて電気を生み出す！

図4.18 LEDと太陽電池は原理が似ている

プに見合った光を放っていましたよね。一方、太陽電池はｐｎ接合に光が当たったときに、光のエネルギーがバンドギャップよりも大きければ、価電子帯の電子が伝導帯に持ち上がります。その伝導帯に上がった電子を取り出して、発電しているのです。

「ＬＥＤがどんな色に光るのか」には「バンドギャップの大きさ」が強く関係していましたが、太陽電池においても「バンドギャップの大きさ」は重要な役割を担っています。もし、太陽電池に当たる光がバンドギャップよりも小さなエネルギーだったら、価電子帯の電子を伝導帯に持ち上げることができないため、発電ができません。また、バンドギャップよりも大きなエネルギーの光が太陽電池に当たった場合は、先ほど話したように価電子帯の電子が伝導帯に持ち上げられることで電気を生み出します。

ただし、とても大きなエネルギーの光を浴びさせても、バンドギャップを超えた余分なエネルギーは、損失してしまって発電には生かせません。つまり、太陽電池に使う結晶のバンドギャップの大きさによって、利用できる最適な光の波長が決まっていて、過剰なエネルギーの光を当ててもロスが大きくなって効率が悪くなってしまうのです。

◆虹色に輝く太陽の光を余すことなく利用するには？

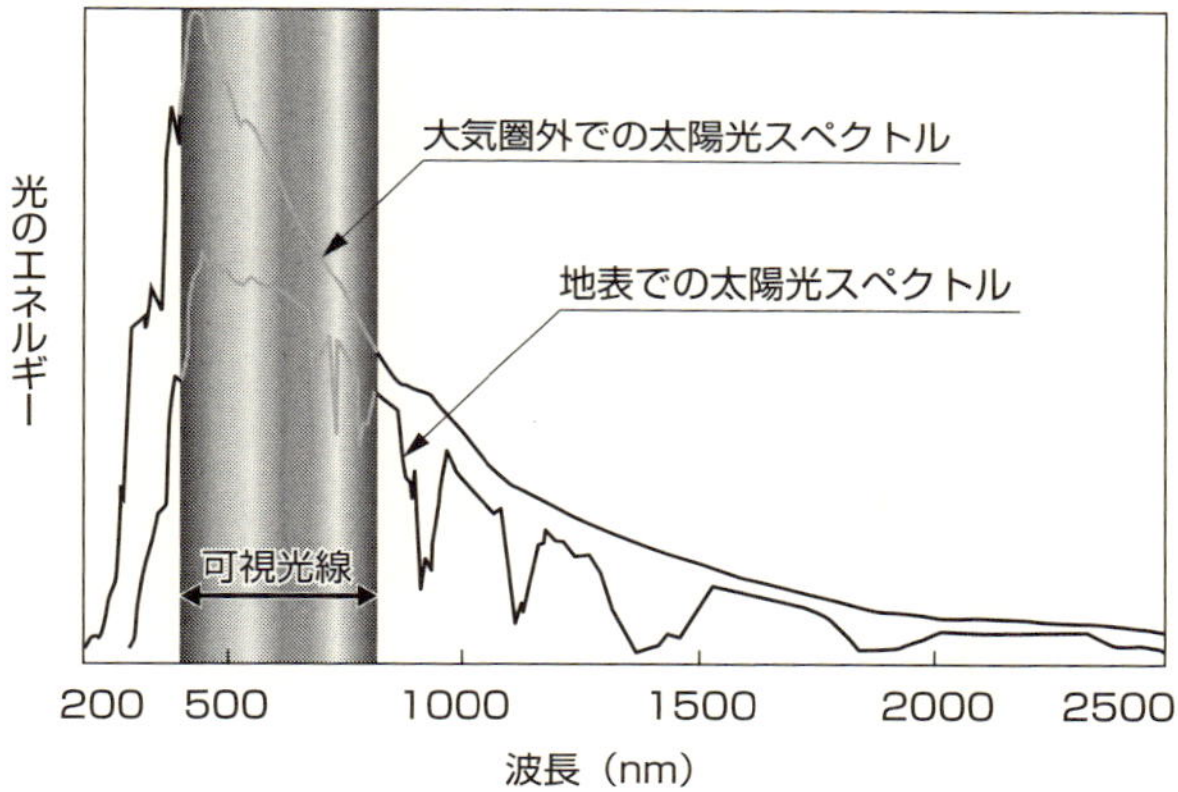

図4.19 太陽光のスペクトル分布

ところで、太陽の光は何色でしょうか？

最近は、壁一面が透明のガラスでできたような建物をよく見かけますね。そんなガラスの近くを通ったときに、足元にふと目をやって、赤から紫に滲む虹色が浮かび上がっているのを見た経験はないでしょうか。あの虹色の正体は太陽の光です。よく見ける太陽の光は無色透明のように見えますが、本当はたくさんの色を含んでいます。太陽の光が、ガラスを通り抜けるときに分解されて、さまざまな色に分かれて虹色が浮かんでいたのです。

太陽の光は目に見える光だけでなく、目に見えない赤外線や紫外線など、さまざまな波長の光を含んでいます。地表に届く太陽の光を詳しく調べたものが、図4・19のスペクトル分布です。どの波長の光が、どれほどの強さで含まれているのかを示しています。たしかに、人間の目に見える可視光線の光が多いですが、それ以外の光も幅広く含まれていることが分かります。

現在、一番よく使われている太陽電池の結晶はシリコンです。シリコンのバンドギャップは1・1eVなので、シリコンのpn接合でできた太陽電池は1130ナノメートルより短い波長の光を吸収できます。しかし、先ほど話したように、バンドギャップを超える余分なエネルギーは、発電に生かせません。波長が短くてエネルギーが大きい光ほど、発電ロスが大きくなってしまいます。理論的には、シリコンでできた太陽電池では、地表に届く太陽光の持つエネルギーの30パーセントほどしか活用できないことが分かっています。

このように、太陽光にはさまざまな波長の光が混ざっている。しかし、太陽電池の結晶はバンドギャップの大きさによって、発電に最適な波長の光が決まっているので、太陽光の一部の限られたエネルギーしか活用できていません。この壁を破るには、どうすればよいのでしょうか。

◆積み重ねて良いとこ取り！幅広い光をカバー

もしも、ベルトの穴がひとつしかなかったら、と想像してみましょう。ウエストがちょうど合うときには、ぴったりフィットして穿き心地は良いかもしれません。しかし、痩せてウエストが細くなったときには、ガバガバでズボンがずり落ちてしまいます。一方、太ってウエストが太くなったときには、ピチピチ過ぎて窮屈でしょう。こんなときはどうすればよいでしょうか。おそらく、皆さん迷わずに「ベルトの穴の数を増やす」と思います。そうすれば、痩せたときにも、太ったときにも、締める穴の位置を変えることでどんな体型にも合わせられますよね。

先ほどの太陽電池も、結晶のバンドギャップの大きさによって最適な波長の光が決まってしまうならば、バンドギャップの大きさが違う複数の結晶を組み合わせればよいのです。

たとえば、一番下にバンドギャップの小さな半導体、その上にバンドギャップが中くらいの半導体、一番上にバンドギャップが大きな半導体を積み上げたとします（図４・20）。この太陽電池に太陽光を当てるとどうなるでしょうか。まず一番上の層では、波長の短い光が吸収されて電気に変えられます。しかし、バンドギャップより小さなエネルギーの光は吸収できないので通り抜けてしまいます。次に真ん中の層では、通過した光のうち波長が中くらいの長さの光が吸収され、残りの光は通り抜けます。そして一番下の層で、最後まで残った波長の長い光が吸収されます。

このように「バンドギャップが違う複数の半導体を積み重ねる」ことで、今までロスして無駄にしていたエネルギーも、余すことなく利用できるようになります。このような太陽電池を「多接合型」と呼んでいます。

実際の実験では、下から順番にゲルマニウム（Ge）、ガリウムヒ素（GaAs）、インジウムガリ

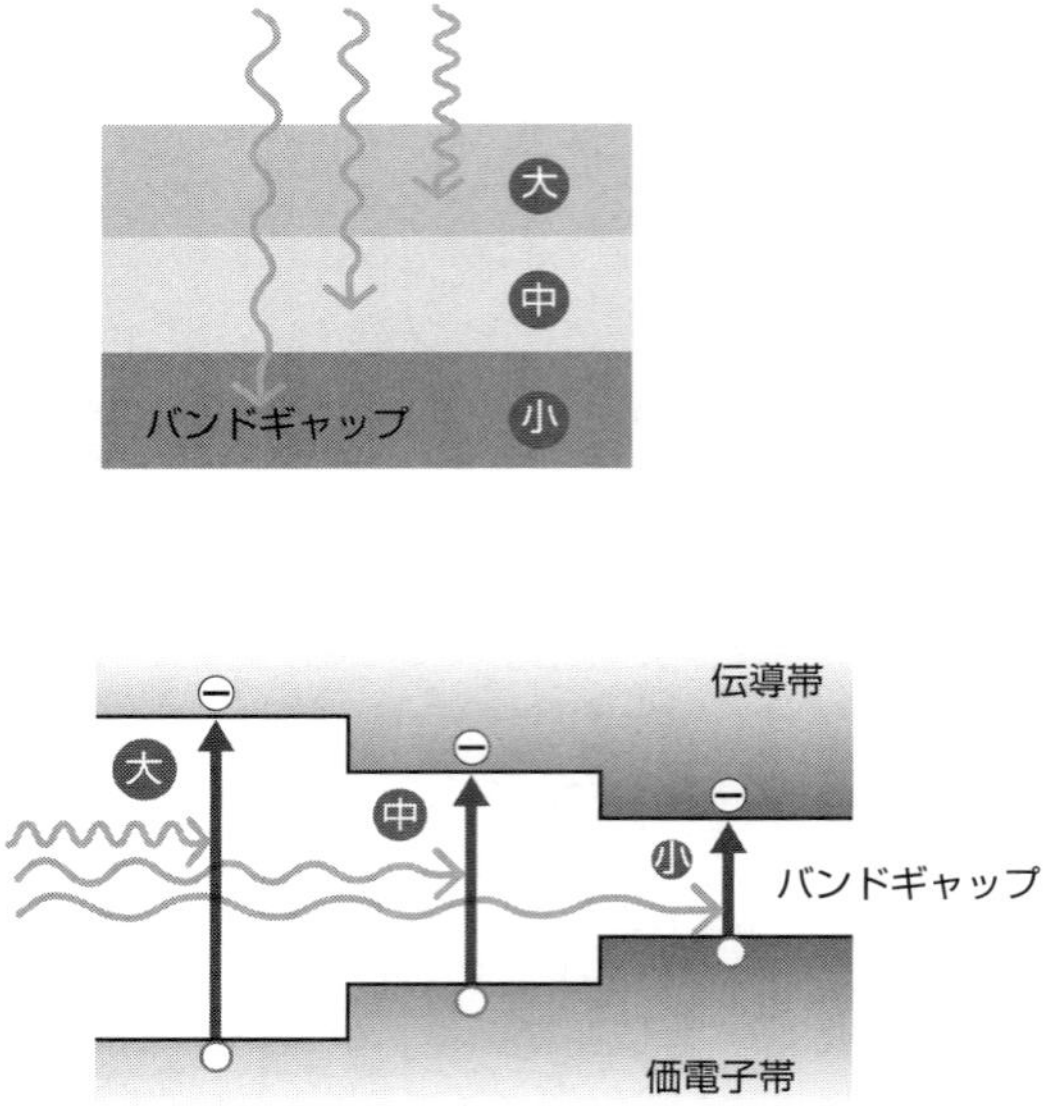

図4.20　さまざまなバンドギャップの結晶を組み合わせる

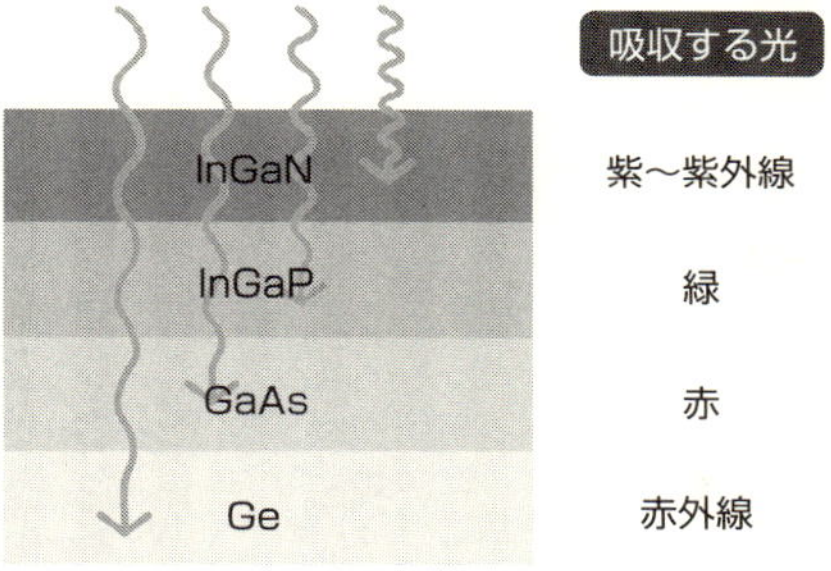

図4.21　多接合型太陽電池の構造

ウムリン（InGaP）、窒化インジウムガリウム（InGaN）を積み上げた構造を考えています（図４・21）。４つの結晶ともすべてｐｎ接合です。ゲルマニウムのバンドギャップは０・７eVで、ガリウムヒ素は１・４eVです。上の２つは混晶なのでインジウムを多く混ぜるほどバンドギャップが小さくなります。ガリウムリン（GaP）は２・３eV、窒化ガリウム（GaN）は３・４eVなので、混晶はそれよりも少し小さな値になると思います。上に向かうにしたがって、バンドギャップが大きな材料が積み重なっていますね。

色で言うと、ゲルマニウムが赤外線、ガリウムヒ素が赤、インジウムガリウムリンが緑色、窒化インジウムガリウムが紫から紫外線あたりの光を主にカバーしています。バンドギャップが大きい窒化ガリウムを使うことで、これまでロスが大きかった短い波長の光も利用できるようになったのです。

今ご紹介した、窒化インジウムガリウムを使った多接合型の太陽電池ができれば、理論的には発電効率を40パーセントにまで引き上げられます。さらに、太陽の光を集めて使う集光型だと、50パーセントを超えるとも考えられています。

◆違う結晶面でp型に挑戦　若い研究者がつなぐ夢

原理だけを聞くと、すぐにでも実現できそうな気がするかもしれませんが、太陽電池で使う窒化インジウムガリウムの結晶を作るときに、いろいろと課題があります。窒化ガリウムにインジウム原子をたくさん混ぜるほど、結晶が歪んで、結晶の中に電界ができてしまいます。この電界の影響によって、発電に必要な電子やホールを結晶の外にうまく取り出せなくなってしまうのです。

この課題に対する解決策のアイデアは「結晶面の特性を利用すること」。赤色レーザーのときに出てきたアイデアと同じです。この電界は、これまで窒化ガリウムを成長させるときに使っていた（0001）面の方向で、最も影響が大きくなります。つまり、（0001）面の方向から傾いた面を使えば、電界の影響を弱められるのです。

私が最初に青色LEDに挑んでいたときは、（0001）面方向に成長させた窒化ガリウムでp型半導体を作る実験に熱を注いでいました。実験装置を設計図から組み立てて、原料ガスが吹き出る速さや向きを調節し、結晶を成長させる温度を変えながら……といった具合です。最適な条件を見つけるために、毎日実験室にこもって何千回も実験を繰り返しました。

30年の時を経て、現在は（0001）面とは違う面でｐ型半導体を作ろうと、若い学生たちが実験に明け暮れて試行錯誤しています。ｐ型ができない理由は、酸素がたくさん入ってしまうからだろうと、ある程度は分かってきたのですが、なかなかうまくいきません。結晶が成長する条件がまったく違うので、またいちからのやり直しです。面白いですね、研究には終わりがありません。

あとがき

数あるブルーバックスシリーズの本の中で、私が最初に読んだのは、都筑卓司先生の書かれた『マックスウェルの悪魔』で、大学2年生の時であった。

大学では工学部の電気系の学科に入ったのだが、当時、どういうわけか独学で量子力学をマスターしたいと思いたった。そのためには、まずは前期量子論からスタートしなければならない。そのためには、量子力学を使いこなすためには、量子力学を理解する必要がある。さらに熱力学や統計力学を理解するには、量子論の基礎となる熱力学と統計力学を理解する必要がある、などと思いこんで、まずは導入から、と気軽に読める本を探してブルーバックスの都筑先生の著書にたどり着いた。

しかしながら、読み始めると意外に手強かった。ああ、そういうことだったのか、と内容を深く理解できたのは、だいぶ後、名城大学の講師になって、自分で熱力学・統計力学と量子力学の講義を受け持つようになってからであった。

本書は、科学技術振興機構日本科学未来館の福田大展さんが、私の学生の頃の結晶成長の苦労話を聞いて面白いと言ってくださったことがきっかけとなった。福田さんご自身も大学時代結晶成長で苦労された経験があり、これを機会に口述の形でぜひまとめたい、とのご提案からスタートした。

本音を言うと、最初は非常に躊躇した。私は工学部の電気系学科の出身であり、ＬＥＤなどの電子デバイスを作るために結晶成長は必須であるが、専門ではない。何が専門か、と問われると、はて、専門と呼べるものはないな、となってしまう。結晶成長に必要な結晶学、熱力学・統計力学や量子化学は独学で本をかじった程度で、学問的な基礎を大学の講義で学んだ経験はない。そのようないわば半分素人が、伝統のブルーバックスシリーズに名を連ねてよいものかどうか、悩んだ。決め手になったのは、最近若い人に元気がないように感じるから、彼らに活気が戻るような本を世に出したいという、福田さんの強い熱意であった。

私が研究室の中で結晶成長を行っていた１９８０年代前半は、化合物半導体研究が華やかなころだった。結晶成長技術では、従来の液相成長法や塩化物を用いた気相成長法に代わり、分子線エピタキシー法や有機金属化合物気相成長法などの新しい技術を用いた原子レベルの層厚制御が可能となり、光通信用レーザー、高周波無線通信用高電子移動度トランジスタ、光記録用赤色レーザーなどなど、現在一般に使われている多くのデバイスに関する発表で学会が賑わっていた。

学生だった私は、結晶成長、および青色ＬＥＤの材料である窒化ガリウムに関する論文や専門書をかなり読み込んだ。学部4年生の卒業研究以降、修士および博士課程にかけての頃である。たとえば窒化ガリウムに関する論文は、当時全部合わせても数百件程度しかなかったので、ドイツ語の論文も含めてすべて目は通した。ロシア語の論文もあったが、英語の訳文が必ずあったので、読むことはできた。

結晶成長は奥が深く、著書や論文の内容も幅広い。一般書としては、故黒田登志雄先生の『結晶は生きている』から、専門書としてはたとえばAcademic PressのSemiconductors and SemimetalsシリーズはＶｏｌ．1、14、22のＡからＥなどまで、暇があれば数多くの著書や論文に目を通した。

ただ、読んで概要を理解するのと、実際にやってみるのとでは大違いで、ステンレスパイプによるガス配管、石英管の加工方法、誘導加熱用コイルの加工方法、ウェハの表面温度測定の難しさ、真空の引き方およびリークチェックの大変さ、排ガスの処理方法など、学生の時には身をもってさまざまな貴重な体験をさせてもらった。

結晶成長装置の組み立てでとくにお世話になったのが、当時豊田中央研究所におられた橋本雅文氏、および私の1年先輩で、現在物質・材料研究機構におられる小出康夫氏である。小出氏は、豊橋技術科学大学当時、インジウムリン（InP）の有機金属化合物気相成長の経験があり、新しい装置の設計は小出氏の担当であった。また、当時助手で現在三重大学の平松和政先生には、結晶成長の学術的な面白さをいろいろと教えていただいた。

有機金属化合物気相成長装置に関しては、日本のいろいろな大学の研究室を見学させていただいた。記憶に残っているのは、当時面発光レーザーを研究していた大変伝統のある研究室で、高価なマスフローコントローラーが何台も使用されていたことだ。これには驚いた。同じ頃、我々は浮き子式の流量計を用いていたからだ。また、東北大学の坪内和夫先生には、当時表面弾性波用素子として期待されていた窒化アルミニウム（AlN）の成長装置を見学させていただいた。そこで減圧高速ガス成長装置を見て驚き、急ぎ名古屋大学に帰って装置を改造した。それまでは大気圧でゆっくりガスを流して成長するのが当たり前と思っていたので、自分としては大きな転換であった。

学部生時代から修士課程の約3年間、実験を積み重ね、1985年2月には、サファイア上に綺麗な窒化ガリウム（GaN）ができるようになった。次に苦労したのが結晶の評価方法である。当時電気系学科の講義では、たとえばX線回折を用いた結晶品質の評価方法を学ぶことはできず、通常のブラッグ回折で格子定数の揺らぎを評価する2θ／ωモードと、結晶方位の揺らぎを評価するωモードの違いさえ最初は理解していなかった。大阪府立大学の伊藤進夫先生が、企業で作製された窒化ガリウムを手作りのX線回折装置を用いて評価されていたので、伊藤先生の研究室に伺って評価方法を詳細に教えていただいた。そのときは、自分で作った窒化ガリウムを評価してもらい、当時世界最高の品質である、とのお墨付きをいただき、非常にうれしかった記憶がある。

できあがった原稿を一通り眺めてみると、できるだけ平易に一般の人にもわかる内容で、と散々注意を受けていたのとは裏腹に、知らないうちに、半導体に関する専門的な知識をもとにした説明をしてしまっていることが多いことに気がついた。編集を担当された講談社ブルーバックスの篠木和久さんも大変ご苦労されたことと思う。また福田さんには、半導体の講義を受けたことがない人にも分かりやすい言い回しを考えてもらい、また可能なかぎり平易に理解できるようにと図を作っていただいた。ただ、それでも難解な表現が残るとしたら、私の説明が下手で配慮が足りない、ということに尽きる。関係の皆様には、お詫び申し上げる。

前述の通り、本書の目的は、この分野に興味を持つ、とりわけ若い人たちへのエールのつもりである。この本が、若い人たちが新しい分野に立ち向かう際のきっかけになってくれれば望外の喜びである。

2015年8月

天野　浩

参考文献

『結晶は生きている　その成長と形の変化のしくみ（ライブラリ物理の世界3）』黒田登志雄著、サイエンス社（1984）
『結晶成長のしくみを探る　その物理的基礎（シリーズ結晶成長のダイナミクス2巻）』上羽牧夫責任編集、共立出版（2002）
『エピタキシャル成長のメカニズム（シリーズ結晶成長のダイナミクス3巻）』中嶋一雄責任編集、共立出版（2002）
『エピタキシャル成長のフロンティア（シリーズ結晶成長のダイナミクス4巻）』中嶋一雄責任編集、共立出版（2002）
『青色発光デバイスの魅力　広汎な応用分野を開く』赤﨑勇編著、工業調査会（1997）
『ワイドギャップ半導体　あけぼのから最前線へ』日本学術振興会ワイドギャップ半導体光電子デバイス第162委員会編、吉川明彦監修、赤﨑勇・松波弘之編著、培風館（2013）

〈は行〉

〈ま・ら行〉

索引

〈数字・アルファベット〉

〈あ行〉

N.D.C.549　219p　18cm

ブルーバックス　B-1932

天《あま》野《の》先生《せんせい》の「青色《あおいろ》LEDの世界《せかい》」
光る原理から最先端応用技術まで

2015年 9 月20日　第1刷発行

著者　天野《あまの》　浩《ひろし》
福田《ふくだ》大展《ひろのぶ》

発行者　鈴木　哲
発行所　株式会社講談社
〒112-8001　東京都文京区音羽2-12-21
電話　出版　03-5395-3524
販売　03-5395-4415
業務　03-5395-3615
印刷所　（本文印刷）慶昌堂印刷株式会社
（カバー表紙印刷）信毎書籍印刷株式会社
製本所　株式会社国宝社

定価はカバーに表示してあります。

ISBN978－4－06－257932－2

発刊のことば

科学をあなたのポケットに

二十世紀最大の特色は、それが科学時代であるということです。科学は日に日に進歩を続け、止まるところを知りません。ひと昔前の夢物語もどんどん現実化しており、今やわれわれの生活のすべてが、科学によってゆり動かされているといっても過言ではないでしょう。

そのような背景を考えれば、学者や学生はもちろん、産業人も、セールスマンも、ジャーナリストも、家庭の主婦も、みんなが科学を知らなければ、時代の流れに逆らうことになるでしょう。

ブルーバックス発刊の意義と必然性はそこにあります。このシリーズは、読む人に科学的に物を考える習慣と、科学的に物を見る目を養っていただくことを最大の目標にしています。そのためには、単に原理や法則の解説に終始するのではなくて、政治や経済など、社会科学や人文科学にも関連させて、広い視野から問題を追究していきます。科学はむずかしいという先入観を改める表現と構成、それも類書にないブルーバックスの特色であると信じます。

一九六三年九月　　野間省一

ブルーバックス　技術・工学関係書（I）

495 人間工学からの発想　小原二郎
733 紙ヒコーキで知る飛行の原理　小林昭夫
911 電気とはなにか　室岡義広
1084 図解　わかる電子回路　加藤　肇／見城尚志／高橋　久
1128 原子爆弾　山田克哉
1188 金属なんでも小事典　増本　健＝監修　ウォーク＝編著
1236 図解　飛行機のメカニズム　柳生　一
1281 新・電子工作入門　西田和明
1331 これならわかるC++　CD-ROM付　小林健一郎
1346 図解　ヘリコプター　鈴木英夫
1396 制御工学の考え方　木村英紀
1452 流れのふしぎ　石綿良三／根本光正＝著　日本機械学会＝編
1483 新しい物性物理　伊達宗行
1484 単位171の新知識　星田直彦
1520 図解　鉄道の科学　宮本昌幸
1545 高校数学でわかる半導体の原理　竹内　淳
1553 図解　つくる電子回路　加藤ただし
1569 新装版　電磁気学のABC　福島　肇
1573 手作りラジオ工作入門　西田和明
1579 図解　船の科学　池田良穂
1624 コンクリートなんでも小事典　土木学会関西支部＝編　井上　晋　他

1628 国際宇宙ステーションとはなにか　若田光一
1632 ビールの科学　サッポロビール価値創造フロンティア研究所＝編　渡　淳二＝監修
1636 理系のための法律入門　井野邊　陽
1658 ウイスキーの科学　古賀邦正
1660 図解　電車のメカニズム　宮本昌幸＝編著
1665 動かしながら理解するCPUの仕組み　CD-ROM付　加藤ただし
1676 図解　橋の科学　土木学会関西支部＝編　田中輝彦／渡邊英一　他
1679 住宅建築なんでも小事典　大野隆司
1683 図解　超高層ビルのしくみ　鹿島＝編
1689 図解　旅客機運航のメカニズム　三澤慶洋
1692 新・材料化学の最前線　首都大学東京　都市環境学部　分子応用化学研究会＝編
1696 ジェット・エンジンの仕組み　吉中　司
1701 光と色彩の科学　齋藤勝裕
1717 図解　地下鉄の科学　川辺謙一
1719 冗長性から見た情報技術　青木直史
1722 小惑星探査機「はやぶさ」の超技術　「はやぶさ」プロジェクトチーム＝編　川口淳一郎＝監修
1734 図解　テレビの仕組み　青木則夫
1737 放射光が解き明かす驚異のナノ世界　日本放射光学会＝編
1748 図解　ボーイング787 vs.エアバスA380　青木謙知
1751 低温「ふしぎ現象」小事典　低温工学・超電導学会＝編
1754 日本の土木遺産　土木学会＝編

ブルーバックス　技術・工学関係書（II）